AF346757

PRÉSERVATIF

D'AGROMANIE EMPIRIQUE,

OU

Lettres Agricoles

ADRESSÉES A UN CULTIVATEUR DÉBUTANT.

Paris.—Imprimerie de BUREAU, rue Coquillière, 22.

PRÉSERVATIF

D'AGROMANIE EMPIRIQUE

OU

LETTRES AGRICOLES

ADRESSÉES A UN CULTIVATEUR DÉBUTANT.

Manuel complet de l'Agriculteur pratique,

AVEC CETTE ÉPIGRAPHE :

La meilleure agriculture est celle qui rapporte le plus

PAR M. LE Mⁱˢ DE TRAVANET,

MEMBRE DU CONSEIL GÉNÉRAL DU CHER,
ANCIEN CULTIVATEUR PRATIQUE, EX-PRÉSIDENT
DU COMICE AGRICOLE DE BOURGES, AUTEUR DE LA PHYSIOLOGIE
DE LA TERRE.

PREMIÈRE PARTIE.

A Paris,

CHEZ L'AUTEUR, 25, RUE NOTRE-DAME-DES-VICTOIRES.
CHEZ Mᵐᵉ BOUCHARD-HUZARD, 7, RUE DE L'ÉPERON.
ET CHEZ TOUS LES LIBRAIRES DE LA FRANCE ET DE L'ÉTRANGER.

1845.

PRÉFACE.

<hr>

Jusqu'à présent l'agriculture n'a eu ni point de départ fixe, ni marche régulière, ni but arrêté, aussi sa théorie est incomplète et décousue et sa pratique n'a pas été autre chose qu'une longue série d'essais et de tentatives *empiriques*.

Chaque cultivateur procède uniquement soit d'après sa propre expérience, et alors il ne peut tirer un bon parti que du terrain sur lequel il a longtemps expérimenté, soit d'après celle des autres et par conséquent il marche en aveugle jusqu'à ce qu'il se soit fait une expérience à lui.

L'art de l'agriculture est donc encore un *art* presque entièrement *mécanique*, et cependant il n'en est pas qui réunisse à un plus haut point toutes les conditions qui constituent l'*art* vraiment *libéral*.

J'ai osé tenter de l'élever à ce rang qui lui est dû ; dans mes *Principes généraux d'agriculture*, assimilant la *terre* à un *être agissant et pouvant*, c'est-à-dire *doué*, comme les *plantes, de facultés actives et d'une action féconde,* et prouvant qu'elle *avait comme eux aussi sa santé et son hygiène,* j'ai fondé la *médecine terrestre* en opposition à l'*empirisme agricole.*

Après avoir essayé de faire faire les premiers pas à cet art, dans cet ouvrage où j'ai jeté les premiers fondements de la diagnostique et de la thérapeutique de la *terre*, je viens dans celui-ci écrire un traité aussi complet que possible de la *pratique* de cette *médecine terrestre*, que j'y montre toujours fidèle et infaillible dans ses rapports avec la *médecine humaine.*

Oui, comme la *machine animale*, la *machine féconde terrestre a sa santé et son hygiène ;*

Comme l'animal, elle est maigre ou grasse, débile ou forte, féconde ou stérile ;

Comme lui, elle se lasse et s'épuise par le travail, se délasse et se restaure par le repos et la nourriture ;

Comme lui, elle souffre de l'excessive chaleur, des grands froids et de l'humidité surabondante ;

Sa santé peut aussi être dérangée par un écart de régime et par des causes fortuites, occultes ou apparentes.

Enfin, pour qu'il ne manque rien à la comparaison, plus la terre est épuisée et lasse, plus les mauvaises herbes l'infestent et la dévorent, comme la vermine les animaux débiles et mal nourris, comme la mousse et le gui les arbres lan-guissants (1).

Cette proposition, à laquelle j'ai donné de nouveaux dé-veloppements dans cet ouvrage, une fois admise, et je ne pense pas qu'il soit possible de la contester victorieusement, cette proposition une fois admise, dis-je, l'agriculture de-vient un art véritable et complet.

A tout il faut un point d'appui pour se mouvoir ou être mu.

Donnez-moi un point d'appui dans le ciel, disait Archi-mède, et je soulèverai la terre.

Ce point d'appui dont l'agriculture avait besoin pour s'élever à la hauteur des plus grands arts libéraux, il est trouvé :

C'est l'assimilation entière et complète, avec toutes ses conséquences possibles, des fonctions de la terre arable considérée comme *estomac des plantes* avec celles de l'*esto-mac des animaux*.

Cette idée que j'ai mise au monde, je n'ai pas la préten-tion de la conduire à ses plus grands développements possi-bles, les forces et la vie de l'homme ont un terme, ses idées fécondes n'ont pas de limites; mais j'espère pouvoir guider et fortifier ses premiers pas dans la vaste carrière qui s'ou-

(1) *Physiologie de la Terre*, page 355.

vre devant elle, et s'il ne m'est pas donné de jouir de ses succès, la conviction de sa bienfaisante influence sur l'avenir de ma patrie suffira du moins à ma satisfaction personnelle d'homme de bien et de progrès.

Va donc, mon livre, va porter un germe fécond dans l'esprit de cette jeunesse ardente et studieuse qui commence à reconnaître que l'agriculture est pour l'homme, quand il sait comprendre toute sa dignité native, l'occupation la plus noble, la plus douce et la plus honorable.

Va,... comme ton devancier, tu rencontreras sans doute, pour te barrer le chemin, l'indifférence calculée, l'envie et le dédain jaloux de tous les hommes qui s'imaginent éclairer ou protéger l'agriculture française en s'agitant dans un impuissant et stérile empirisme.

Va toujours... Ainsi furent dans tous les temps accueillies les meilleures idées nouvelles par ceux dont elles froissaient l'amour-propre, mais elles sont restées, et leurs détracteurs ont passé sans laisser de traces....

Va donc, mon livre, va, commence une féconde mission, si les hommes du jour te méconnaissent et te dédaignent, ceux de l'avenir t'apprécieront et te rendront justice...

LETTRES AGRICOLES.

La meilleure agriculture est celle
qui rapporte le plus.

Première lettre.

ILLUSIONS ET VÉRITÉS SUR LA VIE AGRICOLE.

*A Monsieur ***.*

Décidément vous quittez la ville et ses plaisirs bruyants et vides ; dégoûté d'un monde où tant de tristes passions s'agitent à l'envi et vous froissent sans cesse, vous allez au fond d'une province. berceau de votre enfance, chercher le calme de la solitude et d'utiles et douces occupations. en faisant valoir vous-même vos propriétés trop long-temps abandonnées à des mains ignorantes et mer-cenaires. J'applaudis vivement à votre détermination ; moi, vieux laboureur, mûri sous le harnois, je vois toujours avec bonheur rentrer au bercail champêtre la brebis égarée et battue par les orages de la civilisation. Mais cependant, en ami sincère et dévoué, je crois devoir vous éclairer sur la fragilité des illusions auxquelles vous vous abandonnez ainsi ; flatteuses illusions que tant d'autres ont partagées et vu s'évanouir sans retour, alors qu'il était trop tard pour revenir utilement sur leurs pas.

En dépit du *o fortunatos nimium agricolas,* de Virgile et du séduisant concert de tous les auteurs qui, en vers ou en prose, ont célébré les ineffables plaisirs des champs, moi, je le dis hautement, afin que personne ne l'ignore et que chacun se décide en toute connaissance de cause, la vie du cultivateur pratique est une vie épineuse et rude, semée d'écueils et sans cesse agitée par de pénibles épreuves.

Le mauvais vouloir, l'entêtement, la négligence, l'ingratitude et surtout l'infidélité des domestiques, les temps souvent contraires, les mortalités sur les bestiaux, les craintes inspirées par les menaces journalières de la grêle et parfois ses ravages inévitables, sont autant de contrariétés vives qui tourmentent ses jours et mêlent à son sommeil de pénibles rêves. J'omets ici les mécomptes trop habituels aux spéculations agricoles; ces mécomptes étant le plus souvent amenés par l'ignorance, l'entêtement ou l'imprudence, si vous voulez suivre avec exactitude mes simples leçons, il vous sera facile de les éviter, tandis que les premiers inconvénients dont je viens de parler sont inhérents à la vie agricole et proviennent les uns, c'est-à-dire, l'inconstance du temps et les orages, de causes météorologiques sur lesquelles l'homme ne peut rien. Les autres, ceux de la domesticité, tiennent à la nature même de l'homme, et la sagesse, la prudence, la bonté même viennent sans cesse échouer contre le naturel humain.

Naturam expellas furca tamen usque recurret.

Quant aux mortalités des bestiaux, autre cause de désespoir et de découragement pour les agriculteurs, elle sont souvent la conséquence de circonstances atmosphériques antérieures ou actuelles, ou même d'imprudences commises par les pâtres à l'insu du maître et contre lesquelles, par conséquent, l'expérience et l'habileté sont également impuissantes.

Cependant, ces dangers, ces désagréments et ces mécomptes sur lesquels il est inutile d'insister davantage, car ils viennent malheureusement se révéler assez promptement d'eux-mêmes aux cultivateurs débutants, tous ces inconvénients dis-je ne doivent pas faire reculer l'homme qui, se sentant animé du feu sacré de l'agriculture, désire dévouer sa vie à cet art le plus noble, le plus libéral et le plus utile de tous.

Si la route agricole est souvent semée d'épines et d'écueils, elle est pleine aussi de ces douces émotions et de ces jouissances pures que l'on ne rencontre dans aucune des autres carrières où peut entrer un homme de cœur et d'âme.

L'agriculture, c'est la participation de l'homme au pouvoir créateur de Dieu, c'est l'exercice de la plus belle prérogative de son génie céleste par l'accomplissement de l'œuvre primordiale dont toutes les autres procèdent (1). Cette œuvre est donc celle à laquelle l'homme jaloux de sa dignité, l'homme

(1) Physiologie de la terre, page 2.

libre et fier de son génie émané du ciel, doit consacrer sa vie, ses talents et ses forces. Qu'importent
les difficultés et les épreuves? Tous les autres
chemins de la vie n'ont-ils pas aussi leurs ronces
et leurs écueils. Partout aux jouissances de
l'homme il se mêle de l'amertume, et dans tous les
rangs comme dans toutes les carrières, publique-
ment ou en secret, chacun mange son pain à la
sueur de son visage, mais du moins l'exercice et le
travail en plein air donnent à celui de l'homme des
champs une saveur inconnue non seulement aux
oisifs, mais même aux travailleurs des cités.

Pénétré de ces grandes vérités, converti à notre
foi et prêt à braver les difficultés que vous rencon-
trerez sans cesse dans cette belle mais pénible carrière, vous vous êtes décidé à la tenter avec nous,
soyez le bien venu, et comme un bon compagnon
de voyage je vais vous faire part de mon expérience
pour que vous puissiez y marcher d'un pas aussi
ferme, aussi rapide que le permettent, même aux
plus expérimentés, les accidents naturels du terrain
et les obstacles imprévus contre lesquels ils viennent à chaque instant se heurter.

IIe Lettre.

ERREURS DE L'AGRONOMIE, DANGERS DE L'AGROMANIE.

*A Monsieur ***,*

Depuis que vous pensez sérieusement à vous faire cultivateur, vous avez sans doute acheté une grande quantité d'ouvrages sur l'agriculture. Beaucoup de ces livres sont bons, bien écrits et contiennent d'excellentes choses, mais leurs préceptes s'appuient trop sur la pratique et pas assez sur les principes généraux de l'art, et cependant la pratique change avec le sol et le climat, les principes seuls sont immuables. Pour bien posséder la science agricole, pour la pratiquer utilement en tous lieux, il faut connaître parfaitement ces principes naturels dont elle procède et sur lesquels elle se base.

Sans cette connaissance on hésite ou tâtonne et partout l'on agit en aveugle ; avec elle , au contraire , on marche d'un pas ferme et sûr, car *ces principes immuables, universels, répondent à tout, expliquent tout et apprennent tout en agriculture.* (PHYSIOLOGIE DE LA TERRE.) Voilà pourquoi j'ai voulu , dans la *Physiologie de la Terre* , me borner à essayer de poser et d'expliquer les principes généraux de ce grand art.

Vous avez étudié cette théorie si claire et si naturelle et vous désirez maintenant que j'en fasse avec vous l'application à la pratique. J'y consens d'autant plus volontiers que je conçois très bien la difficulté qu'éprouve un débutant à se diriger sûrement, avec son secours seul , au milieu du nébuleux dédale ou depuis quelque temps se fourvoie l'agronomie française.

Autrefois l'agriculture était un art simple et naïf comme les hommes qui le pratiquaient ; on veut en faire aujourd'hui une science abstraite et confuse. Thaër le premier est entré dans cette fausse route où l'ont suivi ses aveugles admirateurs. Thaër n'était pas seulement un cultivateur. il était un savant et un savant d'Allemagne, c'est tout dire... Le domaine de la théorie agricole, cette science positive et modeste, ne pouvait suffire à l'essor de ses rêveries spéculatives, il a donc souvent franchi les limites du vrai pour se perdre dans les espaces imaginaires des calculs hypothétiques. Mathieu de Dombasle, ce célèbre agronome, aussi distingué par la hauteur de ses vues que par l'agrément et la facilité de sa diction, trouva le champ trop beau pour ne pas s'y élancer à la suite du rêveur allemand, et ces deux grands maîtres ont entraîné dans cette voie séduisante, mais trompeuse, tous les écrivains jaloux de marcher sur leurs pas et d'égaler leur succès ; cela se conçoit aisément : pour briller et plaire aujourd'hui aux lecteurs, il faut savoir être neuf, et comment être neuf en ressassant les éternelles et inépuisables questions des *assolements* des *prairies artificielles*, de la *stabulation*, etc., etc., comment recolorer les thèmes si usés sur les avantages de la culture de la *luzerne*, de la *betterave* et des *topinambours*. Que faire alors? se sont dit ces auteurs à l'esprit inventif, à l'imagination vive et brillante : il faut se frayer une route nouvelle : la

science agricole est aussi ancienne que le monde,
par conséquent, elle rabâche et ennuie comme une
vieille en enfance, il faut la rajeunir pour lui
rendre des charmes,... et puis il se sont mis à l'œuvre.... ils ont créé des systèmes et des périodes
agricoles, ils ont tout passé par l'alambic et tout
calculé par $A \times B$, et de cette science attrayante
et facile ils ont fait un art transcendant et mystique.

Aussi bientôt pour être cultivateur, il ne suffira
plus d'avoir du bon sens, de l'entendement et de
l'activité en affaires, il faudra être physicien, chimiste, mathématicien et bachelier ès-lettres.

J'ai voulu vous signaler dès l'abord cette tendance de l'agronomie actuelle à dénaturer la magnifique simplicité de notre art; elle croit peut être
l'embellir en le fardant et le grandir en l'élevant
sur des échasses.

Eh! pour Dieu, Messieurs les agronomes, pourquoi dépenser tant de temps et d'esprit à seule
fin d'obscurcir et d'embrouiller l'agriculture,
cette science simple et claire comme le jour
qui préside à ses œuvres. Qu'est-ce donc, je
vous prie, que l'agriculture? L'art de faire de

l'herbe et du grain avec des substances organiques, un récipient et du travail, tout comme on fait du pain avec de la farine, un pétrin et des tours de bras.

Apprenez-nous à multiplier la somme des matières assimilables aux diverses plantes que nous voulons produire, à mieux préparer le sol, à manipuler le tout avec plus d'habileté, à faire enfin de l'herbe et du grain à meilleur marché qu'ils ne nous coûtent aujourd'hui, apprenez-nous cela et nous vous admirerons et nos enfants béniront votre mémoire...

Mais les deux tiers des laboureurs du sol français sont moins forts que leur terre; ils se débattent péniblement contre la misère qui les domine et les accable. Besoigneux, mal nourris, découragés, ils s'estiment heureux quand ils peuvent arracher leur nourriture de l'année à d'immenses étendues de champs épuisés et pauvres comme eux : souvent ce même espace de terre, sur lequel végète ainsi péniblement une famille chétive et peu nombreuse, pourrait, avec une bonne agriculture, nourrir et enrichir tout un village.

Dans cette triste position de la plus grande partie de nos populations agricoles, n'est-il pas fâcheux de voir d'excellents esprits s'efforcer d'importer en France l'agriculture *à périodes pacagères, jardinières*, etc.. les systèmes agricoles *intensifs* et *extensifs*, empruntés aux rêveurs d'Outre-Rhin. Il est pour les agronomes français un meilleur emploi de leurs talents et de leurs veilles; en ce moment encore, quinze millions d'hommes, nos frères, vivent de pain noir, de galette de Sarrasin ou de châtaignes bouillies sur notre belle patrie de France; il faut d'abord tâcher de mettre le pain à la main de ceux qui n'en mangent que le jour de leurs noces, et s'efforcer d'améliorer un peu le sort de tous les autres. Nous avons donc encore bien du chemin à faire avant d'arriver aux systèmes transcendants de la science, nous en sommes à peine à l'a b c. Faisons donc de la bonne et simple agriculture telle qu'elle convient aux seules parties de notre territoire dont les habitants ont besoin de nos leçons. Ce qu'il faut actuellement s'efforcer de propager, c'est une pratique sage et modeste, marchant à pas lents et terre à terre. et non une agronomie transcendante, impatiente de ces rapides progrès pour lesquels malheureusement ni notre sol, ni sa population ignorante et rebelle aux innovations ne sont et ne seront pas prêts de longtemps encore.

C'est cette sage et modeste pratique que je veux vous enseigner et que vous désirez apprendre; car si votre fortune suffit à toutes les exigences de votre position dans le monde, elle ne vous permet pas de faire de cette agriculture de luxe qui coûte cinq ou six fois plus qu'elle ne rapporte. Combien en France sont bons agriculteurs au dépens de leur bourse !

Nous laisserons donc aux riches, qui y consacrent leur superflu et aux insensés dont elle dévore le nécessaire, cette agriculture folle et prodigue qui, ne se rendant aucun compte et ne sachant par conséquent ce qu'elle fait, proclame cependant partout à son de trompe ses succès fallacieux.

Nous nous tiendrons en garde contre les tendances actuelles de l'agronomie de cabinet : car les cultivateurs n'ont pas de plus dangereux ennemis que ces hommes qui, n'ayant jamais connu la terre, ni tenu le mancheron de la charrue, labourent de la plume seule et récoltent des montagnes de fourrages et de grains a la pointe de leur canif.

A les entendre, une ferme de cent hectares, cultivée selon leurs préceptes, suffirait a nourrir tout un département : combien d'hommes crédules n'ont-ils pas ainsi été entraînés dans de fausses et ruineuses entreprises, combien de pères de familles ont dû a leur décevantes utopies la ruine totale de leurs enfants.

Nous serons aussi dans une continuelle méfiance contre les charlatans agricoles, et nous accueillerons avec réserve et sous bénéfice d'inventaire seulement, toutes les découvertes et recettes nouvelles.

Nous serons très incrédules sur la vertu omnipotente de ces nouveaux engrais de toute forme et de tous noms que l'on nous offre de toutes parts a tant le litre ou le kilo....

Nous n'aurons guères plus de foi aux vertus mirifiques de toutes ces plantes ou graines que prônent si haut ceux qui les vendent, et nous nous permettrons de mettre en doute, malgré les attestations authentiques de dupes qui voudraient en voir faire d'autres, les produits miraculeux du *sainfoin* du Chimboraçao, du *mélilot* du Cap et même de la *luzerne* du Chili, qui donne douze coupes par an ! ! !

Enfin, nous nous efforcerons de faire de l'agriculture sage, prudente, raisonnée, et la plus productive qu'il sera possible ; car l'agriculture diffère essentiellement des autres arts libéraux, en ce sens que sa perfection et sa gloire ne sont pas seulement dans la beauté de ses produits, mais aussi et surtout dans la faiblesse de leur prix de revient. Le triomphe des agriculteurs ne consiste pas à beaucoup produire, mais à produire à bon marché ; en un mot, *la meilleure agriculture est celle qui rapporte le plus.* Ce sera là notre devise et nous ne la perdrons jamais de vue.

IIIe Lettre.

ORDRE , ÉCONOMIE , SURVEILLANCE , COMPTABILITÉ.

*A Monsieur ***,*

J'ai dit dans les *principes généraux d'agriculture :... Sans économie, sans ordre et sans activité,
point de réussite possible en agriculture.*

*Sans prudence, sans force de volonté, sans cons-
tance et sans esprit d'observation, point de succès
probable.* (PHYSIOLOGIE DE LA TERRE.)

Vous concevez , en effet, que dans une exploitation où se trouvent réunis un grand nombre de
domestiques et d'ouvriers, et une quantité plus
grande encore d'animaux de labour et de bestiaux de toute espèce , l'ordre le plus parfait doit
régner dans la distribution du travail, et la plus

sévère économie dans la dépense de nourriture et de soins. Sans cet ordre et cette économie on marche à une ruine certaine; et pour les maintenir après les avoir rigoureusement établis, il faut une grande surveillance, une surveillance de tous les jours et de toutes les heures, car les domestiques sont généralement enclins à nourrir outre mesure leurs chevaux ou leurs bestiaux, et croient ne porter aucun préjudice au maître en volant du foin ou de l'avoine pour les leur donner à son insu. De là des mécomptes ruineux : on croit avoir assez de fourrages pour passer l'année, et quand vient le mois de mars on est obligé d'en acheter à des prix très onéreux.

Cet ordre, cette économie et cette surveillance ne sont pas moins nécessaires pour les ouvriers à la journée; prenez-en toujours le moins possible, car une fois entrés chez vous, il feront tout ce qu'ils pourront pour s'y inféoder; quand il n'y a plus d'ouvrage, ils trouvent le moyen d'en créer, et tous ils mettent régulièrement une journée à faire le même travail qu'ils achéveraient aisément en quatre heures, s'ils étaient à la tâche.

Comme les charretiers. pour l'avoine et le foin, ils
ne se font aucun scrupule de vous voler leur temps;
ils viennent chez vous pour se reposer, ils le disent
hautement entre eux ; aussi, ne les employez à la
journée que lorsqu'il vous sera absolument impossible de faire autrement, et alors surveillez-les avec
exactitude et persistance. Un moyen qui m'a toujours réussi avec eux comme avec les charretiers
occupés à la charrue ou aux charrois, c'est d'observer, montre en main et de manière à ce qu'ils le
remarquent, combien ils font d'ouvrage dans un
temps donné ; on voit ensuite s'ils ont travaillé
dans la même proportion, en tenant compte toutefois du temps de repos indispensable à l'homme
occupé à des labeurs pénibles. Ainsi, toutes les fois
qu'il sera possible de leur donner de l'ouvrage à la
tâche, ne manquez pas de prendre ce moyen le plus
avantageux de tous sous tous les rapports, mais
surtout par la tranquillité qu'il vous donne et la liberté qu'il vous laisse, d'employer ailleurs votre
temps, car la surveillance du maître est tout ce
qu'il y a de plus précieux et de plus nécessaire
dans une exploitation rurale.

Pour établir cet ordre et cette économie nécessaires au succès, ainsi que pour assurer une utile
régularité dans toutes les parties de l'exploitation,
une comptabilité rigoureusement tenue est absolument indispensable.

*Sans cette comptabilité, il est aussi impossible de
marcher au succès, en agriculture, que de naviguer
sur l'Océan sans boussole.* (PHYSIOLOGIE DE LA TERRE.)
Elle devra être tenue en partie double et simplifiée
autant que possible; vous ferez ouvrir un compte
à chaque espèce d'animaux, en leur donnant une
valeur, et vous porterez ensuite à leur *avoir* tout
ce qu'ils produiront, à leur *débit* tout ce qu'ils
vous coûteront: de même pour chacun de vos domestiques ou employés. Au reste, il me serait impossible de vous tracer ici tout un tableau de
comptabilité agricole; il existe sur cette importante partie de notre art, des traités qui, s'ils ne
sont pas irréprochables, ne manquent pas cependant d'un certain mérite et vous mettront sur la
voie; il est du reste presque toujours avantageux,
dans une exploitation agricole un peu considérable, d'avoir un commis chargé de cette comptabi-

ilé, et comme ce travail ne demande que quelques heures par jour, ce commis peut être utilement employé à d'autres soins.

Quant à la comptabilité agricole qui s'étendant jusqu'aux champs, les débite de la valeur du fumier qu'ils reçoivent, et les crédite de ce qu'ils rendent par chaque récolte, etc. : gardez-vous bien d'entrer dans cette voie dangereuse, elle vous conduirait à de déplorables erreurs. Je vous dirai comment et pourquoi à l'article des engrais.

Vous devrez vous borner à ouvrir à chacun de vos champs un compte ou *mémento* où vous porterez, année par année, le nombre de labours qu'il aura reçu, la quantité de mètres de fumier dont vous l'aurez engraissé et l'espèce de plantes qu'il aura porté, le tout accompagné d'observations détaillées sur l'état de l'atmosphère à l'époque de chacune des opérations qu'il aura subies et sur la qualité de la récolte obtenue. Ce *mémento* vous sera très utile pour vous aider à juger, au besoin, de l'état réel de chaque champ et pour vous rendre compte des changements imprévus ou des anomalies survenues dans sa *santé*, ainsi que pour vous guider dans le traitement ultérieur auquel vous devrez le soumettre.

Ainsi, ordre parfait dans toutes les opérations de l'exploitation, économie rigoureuse dans toutes les dépenses en argent ou en nourriture, surveillance persistante de tous les instants, voilà les conditions rigoureuses du succès en agriculture.

Quant à la patience, à la force de volonté, à la prudence et à l'esprit d'observation qui sont aussi nécessaires pour réussir dans la pratique de cet art, ces qualités s'acquièrent ou se développent ordinairement avec le temps. Malheureusement les deux premières seront trop souvent mises à l'épreuve chez vous comme chez tous vos confrères, car c'est en agriculture surtout qu'il faut souvent faire de la nécessité une vertu.

IVe Lettre.

DOMESTIQUES.

*A Monsieur ****.

S'il est triste pour l'homme de servir, les choses en sont venues au point, je vous assure, que l'on se demande s'il n'est pas plus triste encore d'être obligé de se faire servir. Les domestiques sont généralement aujourd'hui la pierre d'achoppement de l'agriculture. A ce mal toujours croissant on ne voit aucun remède. Rebelles, entêtés, exigeants. malintentionnés, peu leur importe les intérêts du maître qui les nourrit et les paie. Perdant le plus de temps qu'ils peuvent, gaspillant le foin, l'avoine et la paille, travaillant sciemment à contre-sens et s'en faisant même un mérite entre eux, voilà en

général les garçons de ferme et de charrue de nos
jours. Les filles de basse-cour ne valent guère
mieux : négligentes et paresseuses, elles soignent
mal les animaux dont elles sont chargées; elles
laissent la moitié du lait dans le pis des vaches et
font souvent jeûner les veaux. Les bergères se font
un plaisir de mener à la dérobée leurs troupeaux sur
les jeunes prairies artificielles, et font des risées
entre elles de l'immense dommage qu'elles vous
causent ainsi en quelques instants. A tous ces mé-
faits il faut, la plupart du temps, opposer la patience, la résignation et la douceur; car à la première réprimande un peu verte, le marché vous
est mis à la main. Il faut le dire cependant, il est
des exceptions à cette règle, et souvent les domestiques ne sont aussi mauvais que parce qu'ils n'ont
pas un bon maître ou bien parce que, trop abandonnés à eux-mêmes, ils s'excitent au mal entre
eux.

Il est des sujets précieux qui savent résister à la
contagion, et ceux-là on ne saurait trop les apprécier : les autres peuvent être ramenés à de meilleurs sentiments par l'exhortation, le raisonnement,

l'amour-propre et surtout par ce sublime échange
du bien pour le mal que nous commande l'Évan-
gile. Il est rare que le domestique le plus malin-
tentionné ne revienne pas à de meilleurs sentiments
quand il se voit bien traité, bien soigné et justement récompensé ou loué par son maître. Ceux
qui, malgré ces bons traitements, persistent dans le
mal, sont incorrigibles, et l'on doit alors les ren-
voyer sans retard et sans pitié, car ils gâteraient
tous les autres.

La bonne conduite des domestiques dépend donc
en grande partie de celle du maître à leur égard.
Il y a manière de les prendre, comme on dit, et
pour cela je vous renvoie à ce que j'ai écrit à ce
sujet dans la Physiologie de la Terre. En suivant
ces préceptes dont l'expérience a toujours pour moi
sanctionné la sagesse, vous éviterez une grande
partie des désagréments de la domesticité agricole,
désagréments qui découragent tant de cultivateurs
et font le désespoir de ceux auxquels il n'est pas
permis de se décourager.

Une autre difficulté toujours flagrante entre les
maîtres et les domestiques, c'est celle de la nourri

ture : ces mêmes hommes qui, chez eux ou chez les cultivateurs paysans, sont satisfaits de manger du pain noir, des haricots ou des pommes de terre, feront chez vous les difficiles et ne seront jamais contents quand même vous leur donneriez de la viande deux fois par jour. En outre, ils mangent énormément et leur entretien devient en définitive fort coûteux. Aussi, une excellente méthode dont je me suis toujours parfaitement trouvé, c'est de ne pas les nourrir quand cela est possible, et ce moyen ne présente pas autant de difficultés qu'on pourrait le croire, même dans les exploitations isolées. Il suffit pour cela d'avoir un *maître Jacques* marié qui les nourrit ou leur permet, moyennant une légère rétribution, de faire leur potbouille à son feu. L'augmentation de gages que vous leur donnez n'équivaut pas à leur dépense chez vous, et cependant ils préfèrent en général ce mode qui leur permet d'amasser un petit pécule, et pour le maître c'est une notable économie et un incalculable soulagement. Je vous recommande donc cette méthode comme une des plus grandes améliorations qu'il soit possible d'introduire dans le *mesnage champêtre*, et je vous engage vivement à la tenter par les moyens que je viens de vous indiquer et qui m'ont toujours parfaitement réussi.

Un des points les plus importants et les plus difficiles aussi, dans une exploitation rurale, c'est de savoir borner le personnel de ses domestiques au nombre strictement nécessaire pour le bien du service. Si l'on veut les écouter et les croire, ils ne sont jamais assez nombreux et toujours ils ont trop d'ouvrage; si l'on cède à leurs désirs, il arrive alors pour la ferme ce qui se voit tous les jours dans les maisons à la ville; on n'est jamais si mal servi que lorsque l'on a beaucoup de domestiques. C'est tout simple, ils se reposent les uns sur les autres et se renvoient continuellement la balle.

Ayez donc le nécessaire, mais redoutez le superflu en fait de domestiques, car de là résultent des pertes de tous genres : augmentation dans la dépense, diminution dans le travail, et par suite négligence dans le service; négligence dont les conséquences sont souvent incalculables.

En un mot, trop de domestiques, c'est moins d'ouvrage pour plus d'argent.

3ᵉ Lettre.

BATIMENTS RURAUX, ÉTABLISSEMENT.

*A Monsieur ***.*

Dans bien des traités d'agriculture, contre l'esprit desquels je ne saurais trop vous mettre en garde, vous trouverez d'admirables plans d'exploitations rurales. C'est beau, c'est grandiose, c'est surtout très commode, seulement c'est malheureusement fort coûteux, et si l'on voulait suivre leurs avis on risquerait, lorsque la ferme serait construite, de n'avoir rien à mettre ni dans les étables, ni dans les granges ; heureux encore si l'on n'était pas obligé de vendre le fonds de terre pour payer ces palais agricoles.

En bons pères de famille, nous tâcherons de nous

contenter en les améliorant un peu. toutefois, des antiques masures qui sans doute, dans la contrée où vous allez cultiver, comme dans tous les pays de pauvre culture, c'est-à-dire dans les deux tiers de la France, abritent tant bien que mal les malheureux colons du sol, et leurs bestiaux plus misérables encore.

Nous tirerons de nos granges insuffisantes, et qui chaque année le seront davantage encore je l'espère bien, de nos écuries et de nos étables étroites, obscures et mal pavées, de nos bergeries basses et fétides, le meilleur parti qu'il nous sera possible : nous y ferons des améliorations utiles, indispensables, mais peu coûteuses; nous attendrons, pour rebâtir la ferme, que les champs améliorés nous aient rendu avec usure les avances que sagement nous leur aurons faites, plutôt que de consacrer nos ressources premières à des bâtiments dont l'utilité est bien moins pressante.

Ainsi, nous nous contenterons d'assainir les granges, d'empêcher l'eau d'y pénétrer à travers les murs, comme cela arrive trop souvent. Nous y parviendrons en faisant un fossé au pied du mur du côté d'où vient l'eau. Nous ferons recrépir leurs vieilles parois dont les innombrables trous servent de retraite aux souris et aux rats qui dévorent le blé et coupent la paille, aux charançons, dont les dégàts ne sont pas moins redoutables.

Nous donnerons de l'air aux écuries, nous en ferons réparer le pavé en lui donnant une légère inclinaison de la tête aux pieds ; les auges seront disposées, ainsi que les râteliers, de manière à ce que chaque cheval puisse, si on le juge nécessaire, prendre séparément ses repas. Les lits des charretiers seront placés en l'air, sur des solives scellées au parois des murs, et une ou plusieurs lanternes en fil de fer seront suspendues au plafond pour les éclairer. Nous tiendrons sévèrement la main à ce que jamais on ne sorte des lanternes portatives les chandelles ou lampes qu'elles contiennent. Au dessus des râteliers, et vis-à-vis chaque cheval, il y aura au plancher une trappe destinée à jeter la ration de foin ; cette trappe sera disposée de manière que la graine et la poussière du foin ne tombent pas sur la crinière, dans les oreilles ou les yeux des chevaux. Pour cela, elle devra avoir, du côté du râtelier, une planche inclinée vers le mur et dépassant le plancher autant que faire se pourra, sans gêner la chute du foin.

La planche antérieure de l'auge sera garnie de larges anneaux en fer pour recevoir les longes, et non de trous, comme cela se fait trop souvent. Ces trous ne permettant pas aux longes de glisser aussi facilement, occasionnent souvent de dangereux accidents.

Les mêmes améliorations seront appliquées aux vacheries qui sont souvent des bouges obscurs et infects. On leur donnera de l'air et de la lumière, on les fera repaver, et au bout du pavé incliné on pratiquera une petite rigole en maçonnerie, large de quinze centimètres environ, destinée à conduire les eaux de l'étable dans un réservoir préparé pour cet usage. Ces eaux serviront à divers emplois que nous indiquerons plus tard.

Les râteliers seront disposés comme ceux des chevaux, excepté que les auges devront être plus basses et plus larges. Quand la disposition des lieux le permettra, nous ferons des mangeoires doubles, de manière que les bêtes se trouvent plarées vis-à-vis les unes des autres. Entre ces mangeoires doubles on laisse un passage de plain-pied assez large pour un homme avec une brouette. C'est par là que le bouvier donne à manger à ses bœufs, et cette disposition facilite singulièrement le service et la surveillance du maître.

Les bergeries seront de même améliorées autant que possible; il faudra y multiplier les lucarnes garnies de volets, afin de pouvoir y élever ou abaisser la température à volonté; nous expliquerons plus tard la nécessité et l'utilité de cette disposition. Elles devront être garnies de râteliers droits afin que la poussière et la graine du foin ne tombent pas dans la laine des animaux, et de petites auges destinées à la consommation des racines, et disposées de manière à recevoir les grains et graines, et les débris qui tombent des différents fourrages mis dans les râteliers. Les solives des plafonds seront entretenues aussi propres que possible et jamais on ne jettera de foin dans la bergerie par les trappes sans avoir fait sortir les bêtes pour ne pas salir leur toison.

Ces bâtiments divers, quelque imparfaits qu'ils

soient, pourront cependant suffire pour les deux ou trois premières années, car avant de multiplier les bestiaux, il faut avoir de quoi les nourrir, et avant de faire des prairies artificielles et même des racines, il faut que les terres soient mises en état de les recevoir. A mesure que vous aurez plus de fourrage, vous augmenterez le nombre de vos bêtes: je vous indiquerai alors les moyens de construire économiquement des étables suffisantes pour les mettre à l'abri de l'injure des saisons.

A la maison d'habitation s'appliquent toutes les observations ci-dessus, relatives aux bâtiments ruraux. Il faut se coûtenter d'abord de celle qui existe en y faisant, s'il est nécessaire, des améliorations peu couteuses pour en rendre le séjour plus agréable. Malgré les inconvénients inhérents à cette disposition, si l'on nourrit les domestiques, il faut que ce soit dans la maison même du maître afin de faciliter la surveillance; au-dessus de cette pièce une trappe grillée doit correspondre avec la chambre ou le cabinet du maître qui à toute heure peut, sans être aperçu, entendre tout ce qui s'y dit et voir tout ce qui s'y fait.

Les filles de basse-cour et les bergères doivent aussi coucher sous la même clé que la maîtresse de la maison, ou tout au moins d'une femme de confiance ayant sur elles une certaine autorité. La plus grande régularité doit exister dans les heures du repas, du travail, du coucher et du lever; une cloche qui les indique avec exactitude est une chose très utile dans une exploitation rurale.

Dans presque toutes les fermes ou métairies de pays de pauvre culture et, je n'en doute pas, dans celle que vous allez exploiter il en est ainsi, dans toutes ces fermes ou métairies, dis-je, la cour est en parfaite harmonie avec les misérables bâtiments dont elle est entourée. Ordinairement, c'est un cloaque au milieu duquel se trouve une fosse où le fumier trempe continuellement dans l'eau qui tombe des toits, eau qui souvent coule hors de la cour et entraîne dans les chemins ou fossés voisins toutes les parties les plus fertilisantes de ce fumier ainsi lessivé. Tout autour du trou où s'opère ce lessivage on jette journellement de la paille qui, mouillée par la pluie et brisée par les pieds des bestiaux, se convertit en engrais fort peu efficace, comme il est facile de le comprendre. De temps en temps, quand elle est bien réduite en pâte terreuse, on la jette sur le tas dont elle accroît la masse sans beaucoup ajouter a sa puissance.

Vous verrons, à l'article des engrais, tous les inconvénients, toute l'absurdité de cette méthode. Je me bornerai ici a vous engager à faire combler sans retard cette fosse où trempent et se lavent ainsi vos fumiers, à niveler et empierrer votre cour. Votre manière d'utiliser les engrais ne nécessitant pas leur long séjour dans la cour, il suffira de disposer une place où l'on pourra les déposer à l'abri des dégâts des volailles, qui les dispersent, des pluies battantes qui les lavent, et de l'ardeur du soleil qui les dessèche, et facilite leur enlèvement par les coups de vent. Je vous conseille de faire construire pour cet usage un hangar léger recouvert en chaume, fermé de trois côtés par des murs à hauteur d'appui, et de l'autre par une claire-voie qui s'enlève pour l'entrer et le sortir. Cette dépense légère sera bien vite compensée par les immenses avantages que vous en retirerez en conservant à vos engrais toutes leurs qualités, ainsi que je l'ai expliqué à leur article, dans les Principes généraux d'agriculture,

Au reste, je reviendrai sur ce sujet si important quand il en sera temps, car les engrais sont l'âme de l'agriculture, c'est sur eux que repose, non seulement sa prospérité, mais même son existence.

Olivier de Serres a dit :

> Le labourer et l'espargner,
> C'est ce qui remplit le grenier.

Je m'étonne qu'un esprit aussi judicieux n'ait pas mis le *fumer* en première ligne, et dit *le fumer, le labourer et l'épargner*. Il savait mieux que personne que si sans travail et sans économie il n'y a pas d'agriculture possible, le labourage et l'épargne ne seraient rien eux-mêmes sans les engrais; car, le fumier, c'est la matière première avec laquelle on fait l'herbe et le grain, comme on fait le drap avec la toison des moutons. Une ferme sans engrais, c'est une fabrique de draps sans laine.

Ainsi, vous tâcherez de tirer le meilleur parti des bâtiments existant sur votre exploitation. Après les avoir améliorés autant qu'il sera possible, vous attendrez, pour les augmenter, que le temps soit venu de multiplier le nombre de vos bestiaux. Vous ne commencerez pas étourdiment par construire à grands frais de magnifiques écuries et de vastes étables, et par les remplir de chevaux, de bêtes à cornes et de moutons que vous seriez ensuite obligé de revendre à perte ou de nourrir fort chèrement avec des fourrages achetés au poids de l'or. *Il faut que le cheval vienne après le foin, car c'est le foin qui d'abord fait le cheval, ensuite le cheval aide à faire le foin.* (PHYSIOLOGIE DE LA TERRE.) Tout cela demande du temps, je le sais. et comme rien ne marche a pas plus lents et plus mesurés qu'une sage et prudente agriculture, elle ne va pas assez vite au gré de bien des hommes impatients qui souvent, en voulant forcer sa marche et mettre, comme on dit, la charrue devant les bœufs, accélèrent sa chute et la leur.

Nous n'imiterons pas ce funeste exemple ; c'est surtout dans la carrière où vous allez entrer que l'on ne doit jamais perdre de vue le sage proverbe italien : *chi va piano va sano.*

VIe Lettre.

EXAMEN ET CONNAISSANCE DU SOL.

A Monsieur ***.

Avant de passer à d'autres soins, il faut connaître la nature du sol dont vous devez cultiver et fer-
tiliser la surface ; cette connaissance est nécessaire
pour vous guider dans le choix de vos instruments
aratoires et de l'espèce d'animaux destinés à leur
imprimer le mouvement.

Les anciens auteurs géoponiques se sont étendus
avec complaisance sur la description des signes ou
des expériences par lesquels on distingue les différentes qualités du sol. Depuis, tous les écrivains
agricoles les ont successivement imités sans s'a-
percevoir qu'ils faisaient ainsi tous fausse route sur

les pas les uns des autres. De cette manière, on a construit une science toute de convention : science illusoire, science trompeuse et dont chacun sent la fausseté, mais que personne ne veut paraître ignorer parce que jusqu'ici elle a toujours été une partie intégrante de la théorie agricole.

Depuis quelque temps surtout elle est devenue le thème favori des agronomes de cabinet.

C'est sur ce théâtre, en effet, qu'ils peuvent surtout briller et dicter des lois ; ils sont là sur leur véritable terrain. Appelant à leur aide la chimie et diverses autres sciences à l'usage du petit nombre, ils se sont mis à l'œuvre et sans crainte d'être démentis ils ont décomposé le sol et l'ont passé à l'alambic : pour en faire l'analyse, ils l'ont pesé, lavé, repesé, pétri, cuit et dégusté ; ils ont évalué sa cohésion et son adhérence par centimètres carrés ; ils ont calculé sa porosité, sa ténacité, sa perméabilité, sa capillarité, ses facultés d'absorption, d'exhalation et de dessication, etc., etc. : le tout en beaux chiffres bien ronds, avec des dixièmes et des centièmes.

Je vous le demande, qu'importent toutes ces

expériences et tous ces calculs aux dix-neuf ving-
tièmes des cultivateurs qui n'y comprennent rien,
et quel parti réellement utile l'autre vingtième qui
les comprend un peu peut-il en tirer dans la pratique de son art?

Moi, je ne crains pas de le dire, et j'en appelle
ici à la bonne foi et à la conscience de leurs propres
auteurs, toutes ces expériences sont douteuses et
tous ces calculs sont inexacts; ils varient à l'infini
avec les matières et les circonstances du moment,
dix fois recommencés, ils donneraient dix résultats
différents. Repoussons donc, comme dangereux
pour notre art, ce fallacieux mirage d'appréciations
physiques et d'analyses chimiques auxquelles ne
croient pas ceux même qui veulent nous en éblouir.

Malheur à l'agriculteur qui jugerait de ses champs
par ces épreuves d'alambic et sur la foi de ces opérations de laboratoire.

On ne peut même apprécier que d'une manière
très générale la qualité d'un sol par ses produits
spontanés; des circonstances particulieres qu'il est
facile de changer et qui ne tiennent pas à sa nature
pouvant influer passagèrement sur le genre de ses

productions. Cependant c'est encore là un des grands moyens indiqués dans les livres d'agriculture, pour reconnaître invariablement si un sol est bon ou mauvais et propre à telle ou telle culture. Si ce genre d'appréciation est plus rationnel et moins trompeur que celui du creuset et des balances, il est la plupart du temps au moins inutile et sert seulement à faire perdre au cultivateur un temps précieux qu'il pourrait mieux employer.

Dans toutes les contrées de la France, les terrains sont depuis longtemps bien connus et justement classés. Le plus inepte des paysans vous fera la nomenclature de toutes les natures de terre de son canton, et vous dira sans faillir quel est leur rang en bonté et à quelle culture locale elles sont chacune plus particulièrement propres. Voilà déjà un renseignement précieux que l'on trouve partout. A son appui, et pour la connaissance particulière et plus approfondie de la qualité du sol et de ses dispositions naturelles à recevoir, de préférence, tel ou tel genre de plantes, je vous donnerai en temps et lieu opportuns des règles générales : règles infaillibles, car elles se basent sur des principes naturels et immuables. Il n'y a en France que trois grandes divisions admissibles dans la nature du sol : les terres argileuses, les terres siliceuses et les terres calcaires; ces terres sont plus *fortes* ou plus *légères*, suivant la proportion de la matière terreuse qui y domine. Ainsi, les terres argileuses sont plus tenaces ou plus fortes, les terres siliceuses plus facilement divisibles ou plus légères. Les terres calcaires sont fortes ou légères, suivant la nature du sol où le carbonate de chaux se trouve naturellement mélangé. Pour le choix de vos instruments aratoires et de vos animaux de traits, vous aurez donc à examiner laquelle de ces trois natures de sol domine dans les terres de votre exploitation.

Si vous avez des terres fortes, vos instruments devront être plus solidement construits et par conséquent plus lourds, et vos animaux de traits plus forts et plus nombreux: *et vice versâ*, si vos terres sont siliceuses. Si, ce qui est toujours plus avantageux, vous avez des terrains de ces deux natures, vous aurez alors à calculer les proportions de leur étendue et de leur résistance pour avoir le nombre nécessaire d'instruments et d'animaux appropriés a chacune de ces espèces de sol.

Il ne s'agit pas ici de s'expliquer sur les avantages plus ou moins grands de ces différents genres de terrain. Si vous aviez l'intention d'acheter une propriété, je pourrais vous donner a cet égard des conseils, mais il vous faut accepter votre sol tel qu'il est et tâcher d'en tirer le meilleur parti possible.

Cependant, en regle générale, et pour vous guider dans le choix que vous pourriez avoir a faire entre vos différents domaines, les exploitations les plus avantageuses sont celles où les terres fortes dominent, mais où se trouvent, dans la proportion du tiers au quart, des terres siliceuses et calcaires. Enfin, quand les terres d'une ferme sont toutes de même nature, les terres argileuses sont encore préférables aux terres siliceuses, et les calcaires argileuses aux calcaires siliceuses. Les terres fortes sont plus difficiles a manipuler, et leur exploitation est plus coûteuse, mais entre des mains habiles, les produits y sont toujours plus abondants et plus sûrs.

Dans les contrées ou l'on peut irriguer, et

dans les pays où les pluies sont fréquentes l'été, les terres siliceuses reprennent souvent l'avantage. Au reste, en classant ainsi les terres et en assignant une supériorité aux terres fortes, il est bien entendu que je n'entends parler que du genre ordinaire de chaque terre, et non des exceptions. Ainsi, par ces mots *terres fortes*, je veux désigner les terres où l'alumine est mélangée à la silice dans une proportion considérable, et non celles où elle domine au point de les rendre tenaces, gluantes et pour ainsi dire intraitables; il en est de même pour les *terres légères*, par ces mots j'entends désigner les sols où la silice domine dans une proportion modérée, et non ceux qui ressemblent à du grès pilé et que le vent emporte au loin, comme les sables du désert. Ces terres, excessivement alumineuses ou siliceuses, présentent à la culture d'immenses difficultés, presque toujours fructueusement insurmontables. Nous aurons à nous en occuper en leur temps: cependant, en thèse générale, tout l'avantage reste encore, dans ce cas, aux terres fortes. Il est plus facile de donner, par des mélanges et des façons appropriés, un peu plus de légèreté et de perméabilité aux sols compactes et tenaces. que de donner aux sables mouvants la fermeté et la ténacité moléculaire nécessaires à la végétation.

Au reste. la science de juger sûrement la qualité des divers sols ne peut pas s'acquérir par la lecture. l'habitude et l'expérience peuvent seules la donner.

Au bout de quelques années de pratique, vous saurez reconnaître d'un coup d'œil la bonne et la mauvaise terre. mais vous ne saurez pas dire à quoi vous les reconnaissez. Cette science est une de celles qui s'apprennent mais qui ne s'enseignent pas.

Ainsi, après avoir reconnu la nature et la qualité de chacun de vos champs, vous les classerez en leur donnant un numéro et en désignant cette nature et ces qualités; puis, suivant le genre dominant dans votre exploitation. vous aurez des instruments plus ou moins forts et solides, et par conséquent plus ou moins lourds et difficiles à traîner. Dans ma prochaine lettre. nous examinerons la question de ces instruments, de leur choix et de leur utilité.

VIIe Lettre.

INSTRUMENTS ARATOIRES.

*A Monsieur ***.*

Nous allons maintenant nous occuper du choix de vos instruments aratoires. Nous voici sur un des terrains les plus glissants et les plus dangereux pour les agriculteurs débutants : aussi, soyez continuellement sur vos gardes, ou vous tomberez bientôt dans un de ces piéges que le charlatanisme agricole tend sans cesse à leur inexpérience. Souvent même vous y serez attiré par des hommes de bonne foi, mus principalement par le désir de faire quelque chose d'utile, et croyant réellement à la bonté de leur œuvre. Les plus dangereux sont ces spéculateurs sur notre crédulité champêtre qui pour nous vendre fort cher ces instruments nouveaux, les vantent et les prônent à outrance dans tous les journaux et écrits spéciaux. A les entendre, tous et chacun de ces miraculeux outils de leur invention fait à lui seul plus et de meilleur ouvrage que six charrues attelées de quatre chevaux, etc., etc.

Caton, Virgile et Olivier de Serres ont tous dit : *Ne change pas de soc.* C'est un sage précepte applicable à tous les pays, et même à ceux où l'agriculture est encore dans l'enfance. Il ne faut jamais se hâter de changer la charrue généralement adoptée dans une localité. Si elle y est devenue d'un usage général, c'est qu'elle a sans doute des avantages propres à ce sol dont elle a pris possession, et l'on doit l'essayer et l'étudier attentivement avant de la proscrire et de lui substituer une intrue que l'on est souvent ensuite obligé de reléguer à perpétuité sous la remise.

Si donc la charrue de votre localité est d'une construction acceptable, si elle fait un labour passablement régulier, ne la répudiez pas tout d'un coup, ne la condamnez pas *sans l'avoir entendue;*

cherchez plutôt à la perfectionner graduellement, car toutes les charrues se ressemblent fort, et souvent la plus légère modification apportée à la forme du soc, de l'oreille, ou de tous les deux en même temps, en changent le travail comme par enchantement.

A cette marche, vous aurez tout à gagner : économie d'argent dabord, car tous ces instruments nouveaux sont en définitive fort chers par l'achat, le transport, etc. ; puis vous y trouverez l'avantage immense de ne pas mettre à la main de vos garçons de charrue un instrument entierement nouveau pour eux, et contre lequel ils sont naturellement prévenus. De cette prévention souvent injuste, mais toujours fortement enracinée dans leur esprit rebelle, naîtront pour vous une foule de contrariétés et de mécomptes. Les labours seront mauvais, les chevaux perdront leur temps et le charron et le forgeron seront sans cesse occupés à réparer vos instruments à tout instant brisés par la négligence ou la maladresse volontaire de leurs conducteurs.

Ainsi, ce n'est pas sans raison que les grands

maîtres ont dit : *Ne change pas de soc.* Si ce précepte n'est pas et ne peut être absolu, il doit se
prendre en grande considération, et tout cultivateur
débutant aurait bien tort de proscrire *ex abrupto*
les charrues en usage dans sa localité, excepté
toutefois dans celles où l'on donne ce nom *à un informe tronçon sans soc et sans oreille qui écorche la
terre en ricochant* (PHYSIOLOGIE DE LA TERRE.)

Parmi les charrues, il existe deux grandes divisions capitales : les charrues *à avant-train*, depuis
longtemps en usage dans une grande partie de la
France ; et celles *sans avant-train*, comme l'araire,
en usage dans tous les pays de pauvre culture ; et la
charrue flamande à sabot, perfectionnée et mise en
vogue par M. de Dombasle, qui lui a donné son
nom. A cette occasion, les agronomes de cabinet
sont tombés encore dans leur exagération ordinaire et ont fait preuve d'une aveugle partialité.
Ils ont crié partout haro sur la charrue à avant-
train, l'ont mise en tous lieux hors la loi, et n'ont
plus voulu entendre parler que de charrues sans
avant-train ; charrues qui, selon eux, demandent
moitié moins de force de traction, nul effort de la

part du conducteur : charrues enfin qui marchent et se dirigent pour ainsi dire toutes seules. Ces pompeuses réclames ont fait merveille : la charrue Dombasle et toutes les charrues de ce modèle ont envahi le territoire et presque partout détrôné les vieilles charrues à rouelles.

Mais on est revenu bien vite et dans bien des lieux de ce contagieux engouement ; les charrues sans avant-train ont en réalité certains avantages sur les autres : elles demandent moins d'efforts de traction parce que le tirage étant plus direct, la force se décompose moins, et dans certains terrains elles font de meilleurs labours ; mais dans beaucoup d'autres elles sont bien plus difficiles à conduire ; ondulant sans cesse et *dérayant* souvent, elles exigent bien plus d'efforts et d'attention de la part de leur conducteur, et comme en définitive le garçon laboureur est le roi de sa charrue et a tout pouvoir sur elle, il est résulté de cet état de choses qu'elles ont été et s'en vont peu à peu pourrir sous le hangar, en restituant à l'ancienne charrue locale perfectionnée la suprématie qu'elles lui avaient enlevée.

De ces assertions et de ces faits il ne découle pas la conséquence forcée du rejet immédiat et irrévocable, dans votre exploitation, des charrues sans avant-train. Dans les terres profondes, homogènes, consistantes et cependant douces, elles font un excellent travail, exigent moins de force pour la traction et donnent peu de peine à leur conducteur. Dans ces sortes de terrains, vous devrez donc les employer de préférence; vos garçons de charrue ne s'en plaindront pas et ne feront pas exprès de mauvais labours, comme cela arrive partout où cet instrument leur déplaît. Mais dans les terres pierreuses ou d'inégale nature, et par conséquent difficiles à travailler régulièrement, vous devrez leur préférer la charrue avec avant-train; quand telle ne serait pas d'ailleurs votre intention, vos gens sauraient bien vous y forcer, et dans ce cas une résistance prolongée serait, non seulement inutile, mais encore dangereuse; car ils ont raison de préférer leurs anciens instruments réellement meilleurs pour le labourage de ces sortes de terres.

Un autre instrument extrêmement utile et généralement aussi très négligé dans les pays de pauvre culture, où sa forme et son travail sont également imparfaits, c'est la herse. Dans les exploitations de ces pays. on trouve à peine dans chaque ferme une ou deux herses en bois vermoulu, édentées et si légères qu'un homme peut les traîner. On ne s'en sert qu'après les semailles et elles recouvrent à peine la moitié du grain. Sous ce rapport, nous n'appliquerons pas les préceptes ci-dessus, relatifs à la charrue locale, et vous devrez proscrire de prime abord ces misérables herses qui marquent à peine leur passage sur la terre labourée. Vous aurez de bonnes herses à dents de bois, soit triangulaires, soit rectangulaires pour les hersages légers, une forte herse à dents en fer pour les hersages énergiques; enfin une de ces herses à socs triangulaires, que l'on nomme extirpateurs et qui sont très utiles pour remplacer un labour léger dans bien des circonstances.

Ce que nous venons de dire des herses des pays où l'agriculture est négligée, peut également s'appliquer aux rouleaux destinés, soit à tasser le sol, soit à l'égaliser pour faciliter le travail de la faulx.

On trouve généralement dans ces pays des rouleaux informes et si peu lourds, qu'ils laissent toutes les mottes entières. Vous remplacerez ces misérables instruments par un bon rouleau bien arrondi, en bois de chêne, ayant au moins cinquante centimètres de diamètre.

Je vous indiquerai quelques autres instruments utiles à mesure que votre agriculture perfectionnée vous les rendra indispensables. En attendant, vous vous bornerez au strict nécessaire en instruments aratoires comme en toute autre chose; des charrues simples et fonctionnant bien dans vos terres en nombre suffisant pour n'en pas manquer en cas d'accidents; autant de herses en bois que vous aurez de chevaux, une forte herse à dents de fer, un bon extirpateur et un fort rouleau à deux chevaux. Voilà pour le moment tous les instruments qui vous sont nécessaires pour commencer utilement la culture de votre domaine.

Ici se présente naturellement la question des moyens de transport pour le service de la ferme. Les chariots à quatre roues trouvent beaucoup de prôneurs, et dans certaines circonstances ils

ont bien des avantages sur les charrettes à deux
roues. Vous devrez être guidé dans le choix à faire
entre eux, surtout par la nature de vos chemins et
aussi par l'habitude du pays. En général, l'usage qui
a prévalu dans une localité est celui qui s'y main-
tient à tort ou à raison, et presque toujours il n'y a
rien à gagner à vouloir innover dans ces sortes de
choses, parce que les avantages de la nouvelle méthode ne sont pas ordinairement assez grands pour
compenser tous les inconvénients attachés à une
innovation entièrement opposée aux habitudes du
pays, surtout aux goûts et à l'opinion des gens chargés de la faire réussir. Le plus sage, dans cette circonstance, est donc d'adopter les véhicules en
usage dans la localité, de ne pas changer le nombre de leurs roues; mais il est souvent indispensable d'améliorer la forme des charrettes, surtout
pour le transport des gerbes et des bottes de foin.
Les meilleures voitures, pour ce service, sont celles
qui sont en usage dans les environs de Paris et que
l'on nomme *guimbardes*, il est partout facile de
s'en procurer un modèle, et le premier charron un
peu intelligent l'exécutera très aisément.

Ainsi que je vous l'ai dit au commencement de cette lettre, vous devrez proportionner la solidité de vos instruments aratoires à la force de la terre qu'ils sont destinés à remuer. Légers pour les terres légères, solides pour les terres fortes. La puissance de traction nécessaire pour les faire mouvoir dans leurs fonctions variera dans la même proportion que leur poids et la résistance de la terre. Une charrue forte ou légère pourra toujours labourer la même quantité de terre dans un temps donné, mais pour la traîner à une vitesse égale pendant ce même temps, il faudra souvent un nombre double et quelquefois triple de chevaux ou de bœufs. C'est donc surtout dans les terrains compactes et résistants qu'il est indispensable d'avoir les charrues les mieux appropriées à leur nature, car c'est un point essentiel de diminuer le plus possible le nombre des animaux nécessaires pour les traîner.

> Si le bœuf a rempli ta grange,
> C'est aussi le bœuf qui la mange.
>
> Olivier de Serres.

En résumé, le luxe des instruments aratoires est

fort coûteux et n'est pas une des conditions indispensables pour réussir; tant s'en faut que malheureusement il est souvent un indice d'un résultat tout contraire. Pour moi, je l'avoue, quand en arrivant dans une ferme j'y vois une profusion d'instruments de toutes espèces soigneusement peints en bleu ou en vert, et sentant d'une lieue leur fabrique citadine, je pense tout desuite au *produit net* et j'ai grand peur pour lui. Quand au contraire j'y remarque des instruments solides, un peu grossiers, annonçant la fabrique villageoise et couverts d'une peinture à l'huile qui dénonce la main peu exercée du propriétaire ou du maître-valet, cela me donne une meilleure idée des résultats définitifs de l'exploitation; pourquoi cela? Je ne sais; je l'avoue même, cela paraît opposé à la raison naturelle et ne doit, dans aucun cas, être pris comme une règle; et cependant cela est malheureusement presque toujours vrai, et cet instinct m'a rarement trompé dans les grandes comme dans les petites choses. Quand, dans une partie de chasse, vous voyez arriver deux chasseurs, l'un harnaché de neuf des pieds jusqu'à la tête, avec de riches ustensiles, et tenant fièrement a la main un magnifique fusil monté en argent et couvert de belles ciselures; l'autre, solidement mais simplement vêtu, portant négligemment son fusil lourd et bronzé: pourquoi, sans les connaître, seriez-vous prêt à parier que le premier est une mazette et le second un adroit tireur? — parce que l'agriculture et la chasse, métiers rudes et fatigants, exercés à l'injure de l'air, paraissent absolument incompatibles avec le luxe et le dandisme.

Vous aurez donc tous les instruments nécesaires à une bonne culture, mais rien au-delà.

Je vous ai indiqué les principaux et les plus utiles. A mesure que nous avancerons vers le perfectionnement, nous aurons à nous en procurer quelques autres, et je vous les ferai connaître en leur temps et lieu. Mais là vous devrez borner rigoureusement le matériel de votre exploitation: vous vous tiendrez en continuelle défiance contre les pompeuses annonces d'instruments nouveaux et miraculeux, et contre l'appui fallacieux et souvent intéressé que ces engins trompeurs trouvent dans les recueils d'agrologie. Voyez toutes ces charrues nouvelles primées, médaillées, décorées depuis dix ans, ou sont la plupart d'entre elles; et toutes ces charrues-herses et ces herses-charrues, tous ces scarificateurs, extirpateurs, etc., etc., de toutes formes et de grand prix, que sont-ils devenus? L'homme sensé et qui sait réfléchir avant d'agir doit, en effet, facilement comprendre que dans un travail aussi simple que celui d'entamer, remuer et retourner le sol, travail opéré depuis le commencement des siècles, il ne peut pas y avoir de grandes variations, et que par conséquent toutes les fois qu'il ne s'agit pas d'une invention entièrement neuve, mais seulement de modifications apportées aux instruments capitaux de l'agriculture, c'est-à-dire *à la charrue*, *à la herse à dents* droites ou recourbées *et à celle à petits socs triangulaires*, ces modifications, toujours peu importantes, doivent avoir fort peu d'influence sur le travail et sur les résultats qu'on en obtient.

Cette observation ne détruit pas ce que j'ai dit dans les principes généraux *d'agriculture*, sur la désolante imperfection des instruments actuellement en usage; elle la confirme au contraire. J'ai dit que la charrue était la quenouille de l'art. Quand on filait à la quenouille , les légères modifications apportées à cet instrument primitif étaient sans importance, comme le sont ceux apportés à la charrue dans son ensemble actuel.

VIIIe Lettre.

ANIMAUX DE LABOURS.

*Monsieur ***,*

Après le choix des instruments aratoires se présente naturellement celui des animaux destinés a les traîner. Cette question importante, et cependant assez facile à résoudre, est une de celles que les agronomes ont le plus embrouillé en cherchant, comme toujours, à décider par les calculs mathématiques ce qui est du domaine seul de l'appréciation, d'après des circonstances variables. Je vais vous en donner un exemple récent emprunté à un journal agricole de la capitale. Dans mes *Principes généraux d'agriculture* (1), en traitant la question

(1) *Physiologie agricole*, t. ..., page

de la préférence à accorder aux chevaux ou aux bœufs, selon les circonstances locales. J'ai dit à ce sujet : « on devra faire attention à la nature du terrain: dans les terres fortes, humides et compactes qui se battent et se corroient comme de la terre à tuile, le piétinement des bœufs est nuisible et leur fumier peu convenable. Dans les sols légers et brûlants, au contraire, leur piétinement est très utile et leur fumier très avantageux. Il paraîtrait donc que ce serait surtout dans les sols légers que les bœufs devraient être employés de préférence, et cependant c'est presque toujours le contraire qui arrive. Dans des sols argileux, mouillés et tenaces, il n'est pas rare de voir jusqu'à huit et dix bœufs sur une seule charrue, piétinant et corroyant le sol comme de la terre à tuile prête à être mise dans le four ; est-il possible d'agir plus en opposition directe avec le simple bon sens. »

Savez-vous comment ce journal, rédigé par des hommes instruits et consciencieux, combat et croit réfuter cette assertion dans un article qu'il a consacré à mon ouvrage ; vous croyez qu'il rétorque ses arguments tirés surtout du piétinement des bœufs, si nuisible au sol. et de la qualité de leur fumier, si propre aux terrains maigres et brûlants, point du tout, cependant c'est là toute la question agricole. L'auteur de l'article, pour prouver que si les bœufs pouvaient jamais être préférables aux chevaux, ce serait dans les terres fortes, a surtout recours à un calcul par A + B.

D'ailleurs écoutons-le :

« Nous poserons d'abord en principe que pour « les animaux de trait la quantité de travail dyna- « mique dépend essentiellement de la manière dont « on sait les approprier au travail qu'ils sont desti- « nés à exécuter. Il est donc des travaux auxquels « les bœufs conviennent mieux que les chevaux, « tandis qu'il en est d'autres, au contraire, où « ceux-ci ont l'avantage. Les allures du bœuf sont « plus lentes que celles du cheval, mais il peut « supporter de plus lourds fardeaux, et comme le « travail effectif dépend du poids du fardeau et de « la vitesse, il en résulte que le produit de ces élé- « ments peut être le même, bien que les facteurs « soient différents. Si nous appelons T le travail. « V la vitesse, P le poids du fardeau, le travail dy-

« namique ne sera pas seulement représenté par
« T $=$ P V, mais bien par T $=$ P V carré, de
« sorte que si l'on imprime au fardeau une vitesse
« double, la résistance sera égale au poids du far-
« deau multiplié par quatre fois la vitesse, etc.

Ce calcul peut être mathématiquement juste, mais il me semble tout à fait étranger à la question dont il s'agit. Il pourrait servir à calculer approximativement la résistance éprouvée par des animaux labourant dans la même terre avec une vitesse différente, mais il est impossible de l'employer à l'appui de l'opinion que les bœufs conviennent mieux pour le labourage dans les terres fortes que dans les terres légères; il démontre ce que tout le monde sait, c'est-à-dire que tous les moteurs naturels ou artificiels doivent marcher plus ou moins vite, suivant la résistance qu'ils éprouvent, et que par conséquent deux bœufs comme deux chevaux iront moins vite, avec une dépense égale de force, dans une terre forte que dans une terre légère; mais il ne saurait prouver une chose impossible, c'est que la force d'un animal peut s'augmenter par la lenteur opposée à la résistance. Voilà pourtant où tendent les arguments de l'auteur de cet article, article qui paraîtra profond à bien des gens parce qu'ils n'y comprendront rien.

J'ai voulu vous donner un exemple de la manière de faire des agronomes de la capitale, exemple emprunté à un de leurs journaux agricoles les mieux rédigés, pour vous mettre encore une fois en garde contre les dangers de leurs utopies et le mirage de leurs calculs. Voilà comment procèdent aujourd'hui la plupart des écrivains géoponiques de cabinet. L'agriculture, avec eux, n'est plus l'œuvre simple et naturelle de la production des grains et de l'herbe, c'est une science obscure qui participe de l'alchimie et de la métaphysique, et cela devait être ; car, s'il en était autrement, comment pourrait-il y avoir des savants dans un art si simple qu'il suffit d'un peu de bon sens, aidé de quelque temps d'expérience, pour le pratiquer partout avec succès ; mais cette simplicité ne pouvait suffire à leur ardente imagination, et ils ont dit à l'agriculture nous ferons de toi et malgré toi une science transcendante comme l'algèbre et la chimie, nous te traduirons en calculs, en aphorismes et en sentences ; pauvre agriculture!!!

Mais je reviens à notre question, je vais la re-
placer sur son véritable terrain et chercher à la
résoudre dans l'intérêt bien entendu des sages et
prudents cultivateurs qui pensent, comme moi,
qu'en agriculture il vaut mieux faire du foin et du
grain que de l'esprit et de la science, et qui, en
dépit des agromanes, de leurs calculs par $A \times B$ et
de leurs analyses chimiques, persistent à penser *que
la meilleure agriculture est celle qui rapporte le
plus.*

Pour vous décider dans le choix à faire entre les
bœufs et les chevaux comme animaux de trait dans
votre exploitation, vous prendrez en considération
les conseils que j'ai donnés à cet égard dans les
Principes généraux d'agriculture (PHYSIOLOGIE DE
LA TERRE, page 243), je n'hésite pas à le répéter,
malgré ce que peuvent en penser et en dire les
agronomes amateurs partisans exclusifs des chevaux, les bœufs sont le moteur le plus avantageux
pour les instruments aratoires; dans toute exploitation où l'on sait compter et préférer le produit
net au luxe trompeur et coûteux des beaux équi-
pages, ils conserveront toujours le rang qu'ils n'au-

raient jamais dû perdre ; ils y seront toujours préférés aux chevaux pour le labourage et les charrois rapprochés. Deux bons bœufs bien nourris à l'étable, d'avoine et de foin, font, à peu de chose près, autant d'ouvrage à la charrue que deux chevaux ; et quelle différence dans la dépense et dans le solde définitif du compte des uns et des autres. Les chevaux sont la ruine des laboureurs, et les bœufs font leur richesse ; mais l'agronomie a déblatéré contre eux comme moyen de traction, et l'amour-propre des maîtres et des valets a consommé leur proscription dans bien des pays. Fatal ostracisme contre lequel je ne cesserai de protester, car je le sais par une longue expérience, le cheval coûte et le bœuf rapporte,

Si, malgré ces considérations, toutes à l'avantage des bœufs, vous croyez devoir accorder la préférence aux chevaux, il est une méthode que je vous recommanderai particulièrement pour atténuer un peu leurs inconvénients sous le rapport de la dépense, c'est celle d'avoir des juments poulinières de grande taille ; avec des soins convenables, elles élèveront de bons poulains tout en travaillant pres-

que sans interruption au labourage des terres et
même à des charrois peu fatigants. Vous compre-
nez quels avantages peut présenter cette méthode
dans les pays favorables à l'éducation des chevaux
et même dans ceux dénués de pâturages naturels,
où l'on peut aussi en élever avec succès, ainsi que
je vous l'expliquerai plus tard.

Au reste, quelle que soit la nature de vos terres,
la situation de votre exploitation et la qualité de
vos pâturages, vous devrez toujours donner la préférence aux bœufs *au moins pour le labourage.*
Quel que soit le mode employé pour garnir vos écuries de chevaux, que vous les achetiez à l'âge de
dix-huit mois pour les revendre au bout de deux
ou trois ans, ou bien que vous ayez des chevaux
d'âge pour les user entièrement, ce compte sera
toujours habituellement en perte sur le personnel
lui-même, sans compter les frais énormes qu'il occasionne pour les harnais, la ferrure et le temps
perdu par maladies, les chevaux étant bien plus dé-
licats que les bœufs. Leur valeur, excepté dans le
premier cas qui présente bien des dangers, puisque ces poulains que vous acheterez à dix-huit mois

5

ou deux ans auront à subir chez vous les épreuves si souvent fatales de la gourme, excepté dans ce cas, dis-je, la valeur des chevaux va toujours en diminuant. Un cheval de 600 fr., acheté à six ans, ne vaut plus que 550 fr. à sept ans, 500 fr. à huit ans, 450 fr. à neuf ans, 400 fr. à dix ans; à dater de cet âge, sa valeur va en décroissant plus vite encore. En ajoutant à cette perte l'intérêt de son prix, on peut donc estimer que chaque cheval usé dans l'exploitation coûte, par la perte du capital et des intérêts, au moins 100 fr. par an. Je ne tiens pas compte, dans ce calcul, des pertes totales par la mort naturelle ou par blessure accidentelle; du plus beau cheval mort ou estropié, la valeur se réduit à celle de la peau.

Le bœuf, au contraire, ne coûte rien, ou presque rien pour son harnachement, rien pour la ferrure. Moins délicat sur la nourriture et moins maladif que le cheval, il rachète bien grandement, par ses précieuses qualités, l'inconvénient d'un peu de lenteur dans la marche; s'il vient à s'estropier, on peut en tirer encore un bon parti, et quand il commence à vieillir, on peut le vendre aussi cher que dans sa jeunesse, ou, ce qui vaut mieux encore, l'engraisser et gagner aussi dans cette spéculation tout en augmentant la masse de ses engrais.

Comme je l'ai déjà dit, deux bons bœufs bien nourris à l'étable avec du foin et de l'avoine, laboureront dans presque tous les sols et céderont de fort peu le pas à deux chevaux. Spécialement consacrés à la charrue et labourant sans aucune interruption d'un bout de l'année à l'autre, ils font en définitive beaucoup d'ouvrage, car rien ne les dérange de ce labeur quotidien, tandis que les chevaux en sont sans cesse détournés, aujourd'hui pour une chose et demain pour une autre. Les bœufs n'auraient-ils d'autre avantage sur les chevaux que d'être toujours à leur affaire du labourage, il est assez grand, assez important pour déterminer tout agriculteur sachant se rendre compte à avoir toujours, suivant l'importance de son exploitation, une ou plusieurs paires de bœufs uniquement destinés au labourage. On ne saurait croire la quantité de terre que façonne ainsi par an une couple de bons bœufs bien nourris et bien conduits : on ne peut l'évaluer à moins de cent hectares, et j'en ai vu souvent faire plus. Ainsi, quand les circonstances locales le permettront, vous donnerez la préférence aux bœufs sur les chevaux pour le labourage et pour les transports rapprochés; mais, dans tous les cas, vous aurez toujours une ou deux de ces charrues permanentes de bœufs, et je puis vous assurer que vous vous applaudirez de plus en plus d'avoir suivi ce bon conseil.

Autant que possible, vous éleverez vous-même vos bœufs de travail, et lorsque, avec le temps, vous serez entré dans cette utile rotation, les jeunes élèves viendront chaque année remplacer à l'ouvrage un même nombre de bœufs âgés qui quitteront la charrue pour entrer à l'étable d'engraissement. En suivant cette marche, le compte des bêtes de trait se solde habituellement par un beau bénéfice, tandis qu'avec les chevaux il est toujours en perte. Ces attelées de bœufs sont, il est vrai, moins agréables à l'œil et flattent moins l'amour-propre du maître que de beaux attelages de chevaux bien fringants et richement harnachés; mais tout ce qui reluit n'est pas or, en agriculture surtout : le bœuf rapporte et le cheval coûte. Cela suffit pour faire préférer l'humble mais fructueuse étable aux brillantes mais dispendieuses écuries, par tous les agriculteurs qui travaillent la terre pour en tirer un juste profit, et qui pensent comme vous et moi que non seulement le mieux mais aussi le plus beau, en agriculture, c'est le produit net. Nous verrons à leur article les moyens d'élever les bêtes à cornes avec le plus d'avantage et de profit, et je tâcherai de vous guider sûrement dans le choix de l'espèce qui conviendra le mieux à votre localité, en vous posant à cet égard des principes généraux faciles à appliquer en tous lieux. Je me suis longuement étendu sur la question des attelages et j'ai insisté pour que la préférence fût, autant que possible, accordée aux bœufs, non seulement parce que je crois qu'il y a tout à gagner pour vous à suivre ce conseil, mais aussi parce que je ne veux laisser échapper aucune occasion de m'élever et de protester contre la funeste tendance de l'agriculture française, à substituer en tous lieux les chevaux aux bœufs. Cette innovation irréfléchie et coûteuse tient à ce triste et sot orgueil dont sont atteintes toutes les classes de la société actuelle, et surtout à ce désir effréné

de luxe qui en est la conséquence naturelle ; il pénètre peu à peu dans les campagnes et finira par
rendre nos fermes désertes et nos champs incultes ;
car ces mêmes hommes qui trouvent au-dessous
d'eux aujourd'hui de conduire un attelage de bœufs,
en penseront bientôt autant des attelages de chevaux ; où cela s'arrêtera-t-il ?

IXe Lettre.

ÉDUCATION DES BESTIAUX.

A Monsieur ***,

J'ai dit dans les *Principes généraux d'agricul-ture : « Dans cet admirable travail de la nature,*
« *la transformation en matière mobile et vivante,*
« *de la matière inerte et morte, non seulement l'or-*
« *ganisme animé se forme des substances similaires*
« *que lui fournit l'organisme inanimé, mais dans son*
« *action organique il participe encore des principes*
« *élémentaires dominant dans les matières dont il*
« *s'est composé par l'assimilation. Ainsi, dans les*
« *terrains arides,* etc.» (PHYSIOLOGIE DE LA TERRE.)

Ces principes naturels, absolus et immuables

devront vous servir de guide dans le choix de l'espèce d'animaux que vous devrez élever de préférence
dans votre exploitation.

A ces considérations devront s'en joindre d'autres non moins puissantes et que j'ai aussi indiquées dans ce même chapitre : *Des animaux considérés comme produit de l'agriculture.* La nature des
fumiers, dans ses rapports avec celle du sol, l'é-
coulement plus ou moins facile et avantageux des
produits, et enfin et surtout les habitudes locales
seront des points importants à consulter avant de se
décider dans cette grave question.

On doit penser que ce qui se fait depuis longtemps et généralement dans un pays est ce qui convient le mieux à sa position, à son sol et aux intérêts
bien entendus de ses habitants, et par conséquent le
plus sage est de faire dabord comme tout le monde,
en tâchant toutefois de faire mieux, et sauf à changer peu à peu ce que les usages locaux peuvent
avoir de vicieux et de contraire à la saine pratique.

Ainsi vous devrez d'abord donner la préférence
au produit animal le plus usité dans le pays où vous
cultivez, en vous efforçant, toutefois, de l'amé-

liorer graduellement avec les ressources locales.

Sans rien préjuger à cet égard, je vais entrer dans des détails sur l'éducation de tous les animaux domestiques, d'autant plus que dans une exploitation bien entendue rien ne s'oppose à ce que l'on fasse marcher ces diverses éducations de front et avec un égal succès.

Ainsi, c'est une chose très utile que la présence de quelques poulains dans les pacages où l'on élève ou engraisse des bêtes à cornes ; ils se nourrissent des herbes que celles-ci délaissent parce que leurs goûts sont différents, et de cette manière rien ne se perd et aucune herbe ne dépasse les autres. C'est ce que savent bien les industrieux habitants de la Flandre française, où l'on voit toujours quelques poulains mêlés aux bœufs et aux vaches à l'engrais dans *les pâtures grasses*.

En règle générale, il vaudra toujours mieux chercher à améliorer les races du pays que de tenter d'y en introduire de nouvelles; j'ai dit pourquoi dans la *Physiologie de la Terre* et je le répéterai encore à l'occasion, car on ne saurait trop insister sur les choses réellement utiles à savoir et à pratiquer. La forme, les qualités et les défauts d'une espèce locale d'animaux tiennent évidemment au pays, à la nature de ses herbes, de son sol et de ses eaux. En étudiant ces qualités et ces défauts, en cherchant leurs rapports avec les qualités ou les défauts du sol, de ses herbages ou de ses eaux, vous arriverez sans doute à en connaître la cause réelle et vous aurez alors fait un immense pas vers le but où vous tendez. En détruisant ou en affaiblissant la cause, vous détruirez et affaiblirez l'effet nuisible, de même que vous pourrez augmenter les effets avantageux en favorisant les circonstances dont ils sont le produit.

Outre les défauts provenant du sol, du climat et de la nourriture locale, il en est qui tiennent à l'espèce elle-même des animaux du pays. Il est bien plus facile de reconnaître, de combattre et de faire disparaître ces défauts que les premiers, il suffit de leur opposer les qualités contraires avec discernement et persévérance.

Tous les animaux, quels qu'ils soient, proviennent d'une souche unique et primitive ; en un mot, chaque espèce d'animal a eu son type, type unique,

type longtemps immuable et qui n'a varié qu'avec
la longueur des temps et sous l'empire incessant et
tout puissant de l'influence des climats, du sol
et de la nourriture. Or, en changeant cette influence, on peut changer ses résultats, car la puissance originelle du type existe toujours, même dans
l'animal le plus défectueux, le plus chétif; elle est
en lui toujours prête à reprendre ses droits avec
l'aide de circonstances plus favorables. Par des
soins bien entendus, de la bonne nourriture et des
croisements habiles, on peut toujours restaurer la
race la plus chétive de chevaux, de bœufs ou de
moutons, et la rapprocher autant que possible des
formes et de la beauté du type primitif, beauté dont
le germe est toujours en elle.

En effet, quelque difforme et misérable que soit
une race d'animaux, il n'existe aucune différence
dans la composition des matières organiques dont
elle est formée et celle de la plus belle race du même
genre. Le sang, la chair, tout l'être enfin d'un
chétif bœuf solognot, en bonne santé, sont identi-
quement semblables à ceux du plus beau bœuf
Durham, la forme varie seulement : c'est absolu-

ment la même pâte différemment moulée; on comprend alors qu'il est possible de changer et d'améliorer le moule de la pâte solognote comme on a amélioré celui de la pâte Durham.

Le sang du plus mince bidet des brandes du Berry découle, comme celui des plus beaux chevaux anglais ou normands, des sources de l'Arabie. C'est du sang de cheval d'un côté comme de l'autre ; seulement, sous l'influence de misères de toutes sortes, la vigueur naturelle a décru, la chaleur du cœur a diminué, la beauté des formes a disparu. Mais que l'on nourrisse bien, dès leur naissance, quelques-uns de ces chétifs poulains, ils se rapprocheront un peu déjà du type primitif, et si l'on continue à changer et améliorer ainsi les influences sous lesquelles ces races ont dégénéré, elles se régénèreront peu à peu, la vigueur renaîtra graduellement avec la chaleur du sang, la beauté des formes sortira peu à peu de ses ruines, et dans un petit nombre d'années elles se seront rapprochées à pas de géant de la souche unique et première dont elles proviennent, tout comme les plus nobles races de coursiers d'Arabie.

Quelquefois encore, sous l'influence puissante d'un changement total de régime, cette amélioration sera subite et sans transition, comme dans l'espèce humaine, où l'on voit souvent des pères et mères petits, débiles et mal faits, donner naissance à des enfants grands, bien faits et vigoureux ; c'est le type qui reparaît ainsi subitement, par des causes inconnues ou par un jeu de la nature, pour rappeler sa puissance et ses droits imprescriptibles.

Ces principes naturels et incontestables une fois posés et admis, nous n'aurons plus qu'à les appliquer suivant les circonstances et à chercher à en tirer le meilleur parti possible. C'est ce que nous allons essayer de faire dans les leçons suivantes.

Xᵉ Lettre.

DE L'ÉDUCATION DES CHEVAUX.

*A Monsieur ***,*

Si vous voulez vous livrer à l'éducation des chevaux, vous devrez prendre en considération les principes généraux que j'ai posés à cet égard dans la *Physiologie de la Terre;* vous ne tenterez d'élever des chevaux fins que si votre sol possède les qualités indispensables au succès dans cette entreprise difficile, c'est-à-dire s'il est sec, énergique et chaud, si ses herbes sont fermes et aromatiques, ses eaux pures et vives. On peut, il est vrai, élever des chevaux fins entièrement à l'écurie, en les sortant pour les promener seulement; mais cette éducation coûte fort cher et réussit rarement;

aussi je vous engage fort à laisser aux Anglais cette coûteuse spéculation, de faire des chevaux avec le sac à avoine. Si au contraire votre climat est brumeux et tempéré, votre sol humide et gras, s'il a des herbes aqueuses et fades, et des eaux douces et molles, vous devrez alors préférer l'éducation des gros chevaux de trait, éducation toujours, au reste, plus avantageuse que celle des chevaux fins ; enfin, s'il tient le milieu entre ces deux natures de sol, vous donnerez alors la préférence aux chevaux d'une taille moyenne destinés aux remontes de l'armée ou aux transports au trot.

Vous devrez prendre aussi en grande considération l'habitude du pays à cet égard et examiner attentivement la race du pays, pour voir s'il ne serait pas possible d'en tirer parti plutôt que d'introduire dans la localité des chevaux étrangers qui mettront du temps à s'y acclimater, et peut-être y dégénèreront malgré tous vos soins. Souvent, l'œil du connaisseur distingue dans une race abâtardie des qualités précieuses pour le pays, et, comme je l'ai dit ci-dessus, il n'est pas aussi difficile de la ramener promptement vers les formes primitives du type que cela semble le paraître au premier coup d'œil. Dans tous les pays où les cultivateurs élèvent des chevaux sans être dirigés par les conseils de gens instruits, ils font précisément à peu près tout le contraire de ce qu'il faudrait faire pour améliorer leur race locale ; ils la laissent dégénérer de plus en plus sous l'influence délétère des plus absurdes coutumes et d'une impardonnable négligence. Vous verrez donc s'il n'y aurait pas un certain parti à tirer de la race du pays et si vous croyez pouvoir la ramener promptement à de meilleures conditions, je vous engage fort à la préférer à toutes les autres par les raisons que j'ai données ci-dessus. Dans ce cas, vous devrez vous occuper d'abord de porter remède aux causes qui ont amené sa dégénération. Vous combattrez ses défauts en lui opposant les qualités contraires, par conséquent vous rechercherez avec soin des reproducteurs possédant ces qualités à un degré éminent.

Dans les races françaises de chevaux fins, les défauts les plus communs, dans certaines localités, sont la grosseur et l'épaisseur des os de la ganache, la largeur et la platitude des pieds : le croisement arabe ne remédie pas toujours a ces défauts, surtout à celui de l'excès de ganache. Vous devrez donc rechercher avec soin les animaux ayant la tête fine, évidée, légère et les pieds de mulet. Je crois aussi qu'il serait peut-être utile de tenter de remédier à l'élargissement du pied en ferrant de très bonne heure les poulains avec des fers extrêmement légers, destinés seulement à *contenir* et maintenir la corne. C'est un moyen que je vous signale comme bon à essayer, en prenant toutefois les précautions nécessaires.

Au reste, l'éducation des chevaux fins est, il faut l'avouer, la moins profitable et la plus hasardeuse de toutes. Pour un cheval véritablement distingué dont vous pourrez tirer un grand prix, vous en aurez dix fort communs, et par conséquent sans valeur ; en outre, ces chevaux fins ne peuvent se vendre qu'à l'âge de quatre ou cinq ans, et pendant ce temps que de chances à courir ; les accidents, les tares fortuites ou naturelles peuvent en un instant réduire à moitié ou même à rien la valeur de vos meilleurs sujets. Cette éducation ne convient donc en général, qu'à de riches amateurs qui ne calculent pas ce que leur coûtent leurs produits, et qui sont satisfaits quand, sur une douzaine de poulains, ils en ont un qu'ils peuvent présenter avec succès dans l'hyppodrome. Aussi, à moins que votre contrée ne soit éminemment propre à cette espèce de chevaux, je vous engage à ne pas courir les hasards de cette dangereuse spéculation. Mais si le pays produit naturellement des chevaux moyens, légers, ardents, ayant le pied petit, bien fait et sûr, vous devrez, comme je vous l'ai conseillé ci-dessus, essayer de tirer parti de cette espèce acclimatée et résultat des circonstances locales. Vous pourrez hâter beaucoup vos succès en la croisant avec un cheval arabe pur sang chez lequel vous aurez reconnu les qualités opposées aux défauts principaux de la race qu'il s'agit d'améliorer. Ce croisement arabe est toujours avantageux, non seulement parce qu'il ramène plus promptement la beauté des formes primitives dans les races dégénérées, mais aussi et surtout parce qu'il mêle à leur sang appauvri par nos herbes aqueuses, et refroidi par notre climat brumeux, un sang généreux et bouillant, puisé aux sources mêmes du pays natal. J'ai dit plus haut que le sang de cheval était un, et par conséquent toujours le même dans tous les individus, c'est-à-dire qu'il est composé absolument des mêmes matières. Mais suivant les principes élémentaires dominant dans ces substances, ce même sang peut être plus ou moins froid, plus ou moins mou, suivant le climat où l'animal a pris naissance et s'est formé ; le cheval arabe, né sous un ciel brûlant, habitué à une vie nomade et rustique, nourri d'herbes abondant en arômes et en sucs essentiels, apporte en Europe un sang dont la généreuse puissance résiste longtemps à l'influence délétère du climat, de la nourriture et du genre de vie si différente de celle des steppes de l'Asie. Ce sang, jeté dans les veines de nos races de chevaux qui se sont le moins éloignées du type, y fait ordinairement des merveilles, et s'il n'amène pas toujours promptement la réhabilitation des formes, il donne constamment plus de vigueur, de légèreté et de *fond*. Le *sang* se reconnaît et se retrouve toujours à l'occasion même chez les animaux dont il n'a en rien changé la structure.

Aussi, malgré tous les beaux dires ou les cris de haro des anglomanes, vous préférerez obstinément l'arabe pur, pour l'amélioration des races fines, au cheval anglais pur sang, dont ils ont empoisonné nos haras à l'éternel détriment de nos races nationales. Vous tâcherez, avec son aide, de faire des chevaux de guerre solides, robustes, infatigables, et vous laisserez faire des chevaux de course aux singes français des grands seigneurs anglais.

Il faut à la France des chevaux qui puissent fournir au besoin de longues et pénibles marches en portant un cavalier armé ou en traînant une pièce d'artillerie ; que peut-elle avoir à faire, je vous le demande, de chevaux courant une lieue en quelques secondes, et qui ne seraient pas capables d'en faire dix en un jour, en portant un poids de soixante-quinze kilos. Grâce à cette imbécile manie, nous n'avons plus de chevaux de selle dans cette même France qui autrefois possédait les plus belles races du monde, après la race arabe. Nous sommes obligés d'aller acheter, au poids de l'or, pour monter notre cavalerie, les rebuts des remontes allemandes. Nous perdons de toutes les manières dans cet échange

de mauvais chevaux contre de bon argent; nous donnons des valeurs métalliques a peu près impérissa-
bles pour une valeur organique éphémère , de mauvais aloi et qui remplit fort mal notre but. Voilà
pourtant où nous a conduit la folie anglomane, voilà
le déplorable état de choses où menace de nous faire
croupir longtemps encore la fatale manie des cour-
ses dans l'hyppodrome et des chasses au clocher.

Cependant, je ne vous conseillerai pas d'*arabiser*
entièrement votre race indigène. Je pense, fidèle à
mes principes, qu'il peut y avoir du danger à vouloir faire violence aux circonstances locales qui ont
produit lentement cette race , en essayant de la
changer pour ainsi dire d'emblée. Si par un premier croisement arabe vous étiez assez heureux
pour obtenir un sujet très distingué , comme cela
arrive quelquefois , je préférerais continuer mon
amélioration de la race locale avec ce reproduc-
teur à demi indigène ; cette amélioration serait plus
lente,sans doute , mais je la croirais plus assurée
et plus durable. Il ne faut jamais faire violence à la
nature, il faut chercher à s'entendre, à se mettre
d'accord avec elle ; ce serait donc une folie de vou-

loir faire des chevaux arabes sur un sol et sous un ciel si différents de ceux de l'Arabie ; mais il sera toujours sage et profitable de chercher à régénérer le sang et par suite la vigueur des races indigènes, produit naturel du sol et du climat, en y mêlant quelques gouttes de sang primitif ; et je le pense du moins ; sans crainte d'être sérieusement réfuté, les races de France, légèrement arabisées, y seront toujours supérieures en vigueur, en rusticité et en fond aux chevaux violemment dénaturalisés par plusieurs croisements successifs.

C'est ce qui est arrivé dans presque tous les pays d'élèves de chevaux ; l'impatience irréfléchie des éleveurs y a perdu nos belles races françaises en voulant les métamorphoser en chevaux arabes, et surtout en chevaux anglais, ce qui est bien pis encore. Sous l'influence désorganisatrice de ces absurdes tentatives, nos races de carrosse ou de grosse cavalerie, ces chevaux vigoureux, solides, fiers, aux belles formes bien proportionnées se sont déplorablement effacés et ne présentent plus aujourd'hui, à l'œil attristé du connaisseur, qu'un mélange informe, confus et discordant de races di-

verses qui, produites par des principes élémentaires
et des circonstances locales entièrement différents,
se refusent obstinément, dans leurs croisements, à
cette heureuse harmonie qui seule constitue la
force et la véritable beauté. Nos races moyennes
n'ont pas entièrement échappé aux désastreux effets de cette malheureuse manie, et si elles ont
éprouvé moins de détérioration dans leurs formes,
si même quelques-unes ont gagné de la finesse, de
la grâce et de la légèreté, elles ont perdu généralement cette vigueur, cette rusticité et cette longue
durée qu'elles devaient à une lente acclimatation.

La vraie race limousine, déjà presque éteinte, allait
entièrement disparaître de son sol natal si quelques
riches propriétaires de ce pays, reconnaissant la
grandeur du mal, n'avaient pas entrepris à temps
de la faire renaître de ses cendres ; réussiront-ils
dans cette entreprise ? on doit l'espérer.

Au reste, ce n'est pas en Limousin seulement que
l'on déplore la perte de la race locale et que l'on en
désire le rétablissement, c'est partout en France, et à
l'appui de cette assertion, voici venir le Morvan, contrée montagneuse du Nivernois, qui possédait une

race de chevaux moyens, durs, bien conformés, infatigables et éminemment propres au service de la cavalerie légère. Je me rappelle d'avoir vu, il y a vingt-cinq ans, d'admirables chevaux de ce pays dans les rangs du régiment de chasseurs où je servais alors. Eh bien, cette race précieuse a disparu aussi ; sous l'empire despotique d'une mode insensée, elle a vu changer ses solides avantages contre des qualités propres seulement à la faire briller aux promenades de luxe.

Quel immense avantage pour la patrie! si le Morvan ne nous fournit plus de bons chevaux pour nos remontes, du moins nos dandys y trouveront de jolis attelages pour leurs *broughams ;* évidemment il y a là une pleine et entière compensation. Heureusement le pays s'est alarmé et pense à recréer sa race s'il en est temps encore. Au reste, voici ce que dit à ce sujet le *Journal agricole du département de la Nièvre* dans le compte-rendu du concours du comice agricole du canton de Montsauche, en Morvan.

« Les poulains et pouliches étaient peu nombreux, sept seulement ont concouru. *Ces ani-*

« *maux n'avaient rien de la race morvandelle,* leurs
« formes plus élégantes, leurs membres plus fins,
« leurs allures plus gracieuses, étaient loin cepen-
« dant de valoir l'ancien cheval morvandeau au
« large poitrail, à la jambe un peu forte, si vigou-
« reux, si propre au service de la cavalerie légère.
« On assure qu'une personne riche, animée de
« l'amour du bien public, va tenter de rendre cette
« précieuse race au pays ; puisse-t-elle réussir dans
« cette entreprise. »

Toutes ces règles naturelles et tous ces principes
immuables, s'appliquent également à l'éducation
des grosses et moyennes races de chevaux. Vous
rechercherez avec soin les reproducteurs ayant les
qualités diamétralement opposées aux défauts habituels à l'espèce du pays, puis en croisant leurs
produits toujours sur eux-mêmes, vous parviendrez à faire disparaître ou a atténuer beaucoup
ces vices inhérents à la localité ; ainsi, par exemple, dans certains pays où les chevaux sont sujets
aux fluxions périodiques, l'imbécillité et la cupidité
des éleveurs entretiennent ou perpétuent ce vice héréditaire, en employant continuellement à la re-

production les animaux qui en sont atteints et qu'ils ne peuvent vendre. Si vous habitez un pays où règne cette terrible maladie, vous devrez faire précisément le contraire; vous proscrirez rigoureusement, non seulement les reproducteurs atteints de ce mal, mais même ceux provenant de pères ou de mères soupçonnés d'en être affectés; vous ferez vos achats dans les cantons les plus rapprochés, mais où cette maladie est inconnue, et peu à peu elle disparaîtra de vos écuries, non pas pour toujours peut-être, mais elle y deviendra fort rare, quand ayant cessé d'être héréditaire, elle ne conservera plus que son caractère endémique.

Quelle que soit l'espèce de chevaux dont vous aurez entrepris l'éducation, vous n'emploierez à la reproduction que des sujets adultes, vigoureux et non tarés, l'expérience ayant démontré, contre les idées longtemps et généralement reçues, que certaines tares accidentelles se transmettent par l'hérédité.

Un autre point très important est celui de la conception des juments; par les moyens employés ordinairement dans les haras, un grand nombre ne porte pas et c'est une perte réelle. Le meilleur mode est de les laisser en liberté dans les pâturages avec l'étalon, en prenant toutes les précautions nécessaires pour éviter les accidents. M. le Bon de Rivière, dont l'expérience en cette matière peut faire loi, conseille ce moyen dont il a obtenu les plus heureux résultats *(Journal le Cultivateur)*.

Autant que faire se pourra, vos juments nourrices devront rester continuellement dans les pâturages, où devra se trouver une baraque ouverte d'un côté, pour les abriter dans les mauvais temps ; elles y viendront d'elles-mêmes quand cela leur sera nécessaire ; cette vie à demi sauvage est excellente pour les poulains qu'elle habitue aux vicissitudes des saisons, et dont elle endurcit les fibres et les nerfs ; elle convient aussi parfaitement aux poulinières dont elle entretient la vigueur et la bonne santé.

Si vous n'avez pas de pâturages, ou s'ils sont humides et de mauvaise nature, vous ne devrez pas pour cela renoncer entièrement à l'éducation des chevaux : mais seulement la restreindre, en vous bornant à avoir pour attelages un certain nombre de belles et fortes juments poulinières, ainsi que je vous l'ai déjà conseillé. En employant ce moyen, presque toujours avantageux dans ses résultats, on peut, dans les pays de plaines entièrement privés de prés naturels, élever des poulains pour l'entretien de l'écurie et même pour la vente, en faisant entourer, près de la ferme, un champ assez spacieux, de haies où de barrières; celles faites avec des fils de fer, de la grosseur de 8 millimètres de diamètre, passés dans des poteaux en bois, distants de 3 mètres, sont les meilleures. Dans ce champ semé en prairies artificielles, et où l'on fait construire aussi une baraque d'abri, les poulains s'élèvent très bien en liberté; seulement on est obligé de suppléer au peu d'étendue du pâturage, par du foin mis au râtelier et aussi par un peu d'avoine, nourriture toujours très avantageuse, même dans le jeune âge, comme contenant plus de *feu* dans ses principes alimentaires.

J'ai vu, dans des fermes manquant entièrement de pâturages, élever ainsi dans ces enclos, d'excellents poulains avec succès et profit.

Au reste je vous renvoie, si vous désirez de plus amples détails sur cette précieuse éducation, aux Traités spéciaux, où vous trouverez tout ce qu'il est nécessaire de savoir pour réussir dans cette importante branche des spéculations agricoles. Je n'ai pas eu la prétention, en écrivant ces lettres, de vous faire un cours entier de la science hyppique, j'ai voulu seulement vous donner les instructions premières, indispensables pour vous guider dans cette importante partie de la pratique de notre art.

Mais surtout, je crois devoir en finissant insister encore sur ce point si essentiel, surtout ne perdez jamais de vue, dans cette production animale, les principes naturels et immuables de l'assimilation. Le cheval, c'est de l'herbe et du grain, c'est-à-dire de la matière vitale inerte convertie en organisme animé. Cette matière vivante participera infailliblement dans son action organique des principes élémentaires primordiaux contenus dans les substances dont s'est formé la sienne par l'assimilation. Plus ces substances contiendront de *feu*, plus l'animal sera *vif*, *ardent* et *léger*, plus elles contiendront d'eau, plus en revanche il sera *mou*, *froid* et *pesant*. Voilà surtout les considérations qui doivent vous guider dans cette production, et par le choix de la nourriture donnée à vos jeunes animaux, vous pourrez au besoin diminuer les inconvénients inhérents au climat et à la nature de votre sol et de vos eaux. Si vos herbes sont aqueuses et tendres, et vos eaux fades et molles, vous devrez chercher à compenser cet excès d'eau en mêlant à la nourriture de vos jeunes chevaux, des substances plus fermes, plus avancées vers la perfection organique et contenant plus de feu absorbé dans l'œuvre de la maturité, tels que de l'avoine, des féverolles, des pois et des vesces en grains.

En ne vous écartant jamais de ces règles capitales, en les étudiant avec soin, en les prenant pour guide dans toutes vos opérations agricoles, vous marcherez d'un pas sûr dans cette route dangereuse, où tant d'autres se fourvoient et se brisent faute de les connaître ou de les observer.

XIe Lettre.

ÉDUCATION DES BÊTES BOVINES..

*A Monsieur ***,*

Dans la production des bêtes bovines vous devrez observer les mêmes règles et suivre les mêmes principes que pour celles des chevaux.

Le type *bœuf* est un aussi dans la nature, mais il s'est modifié à l'infini avec le temps et sous l'influence des circonstances locales.

Cependant il existe entre le genre *cheval* et le genre *bœuf* cette différence capitale que ce dernier, en s'éloignant de son type naturel, est devenu, par la domesticité, plus propre aux divers usages auxquels nous le destinons : en un mot la domesticité a , pour nous . amélioré le bœuf et détérioré le cheval.

En effet, le bœuf primitif comme le daim, le cerf et tous les autres habitants des bois, habitués a une vie rustique et sauvage, devaît être un animal élégant et vif, bien proportionné dans ses formes et léger dans ses mouvements; si cette légèreté et cette élégance de formes eussent persisté dans la domesticité , elles auraient beaucoup diminué ses avantages et son utilité en le rendant moins propre aux pénibles travaux de la terre et surtout à l'engraissement.

Cela est si vrai que dans les races rustiques des pays de pauvre culture où les bêtes à cornes passent les trois quarts de l'année dans les bois, on retrouve les formes élégantes et sveltes du type primitif, et que les grandes et fortes races amenées dans ces pays et soumis à ce régime à demi sauvage, ne tardent pas à s'effiler et à se rapprocher peu à peu des formes naturelles de l'espèce, en perdant leur abondance de chair et leur disposition à s'engraisser.

Cette différence est capitale et j'ai dû vous la signaler dès le début, car elle doit avoir une immense influence sur notre conduite dans la production de ces précieux animaux.

En effet, il ne s'agit plus de s'efforcer de rapprocher le bœuf de son type naturel, mais de l'en tenir au contraire le plus éloigné qu'il sera possible en l'appropriant aux usages auxquels nous le destinons, et qui sont entièrement opposés au rôle qu'il était appelé à jouer dans la nature.

Les mêmes observations s'appliquent à la production du lait; la vache dans l'état sauvage avait, comme la biche et la chevrette, un pis peu saillant et par conséquent bien moins abondant en lait. Dans son état actuel son pis énorme et pendant peut être considéré comme une difformité produite par l'excès de la nourriture et le relâchement des fibres graduellement amené par le régime débilitant de la vie domestique.

Dans l'amélioration de nos races bovines, nous n'avons donc pas à rechercher, comme dans celle des races de chevaux, des reproducteurs se rapprochant le plus possible du type primitif, mais bien ceux qui, par la modification qu'ils ont subie, sont devenus le plus propres aux usages auxquels nous les destinons.

Nous maintiendrons ici dans toute sa force la règle que nous avons posée, de préférer toujours les améliorations sur la race du pays à la transplantation et à l'acclimatation d'une race étrangère. En effet, cette race, produit naturel des circonstances locales, se transformera peu à peu sous l'influence des croisements habiles, et tout en prenant les qualités que vous voulez lui transmettre, elle conservera une grande partie des avantages qu'elle puise dans sa naturalisation.

Vous devrez donc vous défendre avec énergie du fatal engoûment avec lequel tous nos agromanes préconisent aujourd'hui le bœuf Durham qu'ils veulent absolument, passez-moi l'expression, nous faire mettre à toute sauce. Pénétré des sages conseils que j'ai donnés à ce sujet, vous emploierez pour croiser votre race indigène des reproducteurs choisis dans cette race parmi les sujets les plus éminemment doués des qualités que vous voulez lui transmettre, et selon que vous désirerez de la graisse ou du lait, vous rechercherez avec soin dans votre

canton les vaches du pays possédant déjà ces dispositions ou ces qualités. Dans toutes les localités et
dans toutes les races, il y a des vaches plus disposées à un prompt engraissement, qui se maintien-
nent toujours dans un meilleur état que les autres,
nourries de même ; il en est aussi dont le rende-
ment en lait est toujours d'une supériorité marquée.
Suivant le but que vous vous proposez, vous tâcherez de vous procurer, à tout prix, ces sujets distingués et jamais vous ne les paierez trop cher.

En croisant les premières avec des taureaux des
races de graisse et les secondes avec des reproducteurs choisis dans les races laitières et autant que
possible provenant de mères excellentes laitières
elles-mêmes, vous pourrez compter sur un succès
assuré, succès plus lent, peut-être, mais aussi bien
plus durable que si vous transportiez tout d'un coup
dans votre pays ces races de graisse ou ces races
laitières, qui, en changeant de climat et de nourriture, languissent, dégénèrent et font toujours
une mauvaise fin, à moins que l'on ne veuille soutenir cette de folle gageure contre la nature par
des dépenses considérables et définitivement en

pure perte. Comme telle n'est pas votre intention ,
vous croiserez votre race locale ainsi que je viens
de le dire, afin de l'améliorer en lui conservant ses
avantages d'acclimatation , et vous laisserez les vacheries pures Durham ou Suisses à ces riches amateurs qui font de l'agriculture aux dépens de leur
bourse , et qui , comme disent les paysans, sèment
des louis pour récolter des pièces de cent sous.

C'est, du reste, en suivant la marche que je viens
de vous indiquer que Bakwel et Charles Colling
ont créé les belles races anglaises que nous avons
la folle prétention de vouloir transporter, tout d'une
pièce, dans notre climat et dans nos pâturages si différents de ceux dont elles sont le produit. Ces races
ont été améliorées sur elles-mêmes par des croisements habiles et soutenus ; et, les premiers éleveurs qui avaient tenté ces améliorations par des
croisements étrangers avec les grandes races de la
Hollande , n'obtinrent aucun succès et furent obligés d'y renoncer. Ce fait important et remarquable
vient prêter un puissant appui à nos principes, et
doit engager les cultivateurs sensés et envieux d'un
succès durable à se tenir en garde contre l'en-

goûment actuel pour les croisements Durham.

Sans doute cette race est magnifique et excellente pour la boucherie ; mais avant de l'adopter généralement pour les croisements avec nos races françaises, il faut étudier prudemment et murement le résultat de ce mélange. Il serait même possible que dans les pays où l'on élève les bœufs uniquement pour l'engraissement, ce croisement ne produisît pas en définitive tous les avantages que l'on en attend. C'est ce que je suis assez porté à croire et ce que le temps nous apprendra. Tandis qu'en imitant l'exemple des éleveurs anglais, en recherchant avec soin, pour les accoupler, les sujets non seulement les plus disposés à l'engraissement dans vos races locales, mais aussi ceux qui transmettent habituellement ces qualités à leurs produits. En les alliant toujours entre eux, je n'en doute pas, vous parviendrez promptement à créer dans cette race une variété propre à l'engraissement. variété qu'il serait ensuite facile de maintenir et même d'améliorer encore en continuant les accouplements entre les individus de la même famille. doués des mèmes qualités, car il est reconnu que les alliances con-

sanguines sont celles qui transmettent, perpétuent
et concentrent avec le plus d'intensité les qualités
comme les défauts. Cette race française, produit
des circonstances locales aidées par une main intelligente, aurait, je n'en doute pas, une supériorité
marquée et durable sur tous ces animaux d'outre-
mer produits de circonstances étrangères et, par
conséquent, ayant à lutter contre les effets délétères de l'acclimatation sous un ciel et sur un sol
si différents des leurs.

Il en sera de même pour le lait; en choisissant
parmi les vaches du pays celles dont la supériorité
en ce genre est bien marquée, en les croisant avec
des reproducteurs provenant de mères très bonnes
laitières, puis ensuite en les reproduisant sur eux-
mêmes, vous finirez par obtenir une variété de
vaches excellentes laitières avec la nourriture locale, tandis que les grandes races laitières de Suisse
et de Flandre perdent promptement cette qualité,
quand elles sont privées de la nourriture abondante
et des herbages succulents auxquels elles la doivent.

Ces principes sont si vrais, ils reposent sur une

base si naturelle. si inébranlable qu'il est inutile d'insister plus longtemps sur leur toute puissance.

Si les règles pour l'amélioration des races bovines et chevalines diffèrent en ce point que je viens d'établir, elles sont les mêmes sur tous les autres. Ainsi, avant de vous décider sur le genre de spéculation que vous adopterez de préférence dans cette branche de l'industrie agricole. c'est-à-dire celle du lait, des élèves ou de l'engraissement. vous aurez à observer la nature de votre sol et de vos pâturages, la position de votre exploitation et les habitudes du pays.

Si vous avez des pâturages étendus et d'une qualité médiocre. et si la vente des jeunes élèves est facile et avantageuse dans votre localité, vous pourrez nourrir tous vos veaux pour les vendre à l'âge d'un an ou deux. Dans ce cas, vous devrez rechercher surtout la taille dans les reproducteurs, car plus vos élèves seront grands, plus vous les vendrez cher.

Vous laisserez les veaux boire tout le lait de leur mère, car c'est de la bonne nourriture. dans les premiers temps de la vie. que dépend surtout le développement des formes et la force musculaire des animaux ; vous les laisserez ensuite paître en liberté dans les pâturages et vous les sevrerez le plus tard possible.

Si vous êtes près d'une ville ou d'un foyer de consommation où le débit du lait soit facile et avantageux, vous devrez préférer à tout autre ce moyen d'écoulement pour les produits de votre vacherie ; car c'est ainsi que la vente du laitage donne le plus de bénéfice net. Dans ce cas, vous vendrez les veaux à l'âge de six semaines ou deux mois. Nous verrons bientôt quels sont les soins à apporter à la manutention du lait et des divers produits de la laiterie.

Dans certains pays on trouve beaucoup d'avantage à élever des veaux de lait que l'on vend à deux mois et demi ou trois mois à un prix fort avantageux, mais cette industrie n'est profitable que dans le voisinage des grandes villes où cette sorte de viande se vend fort cher et où par conséquent les bouchers peuvent la payer à un prix plus élevé. Ces veaux doivent être nourris entièrement au lait et *à leur discrétion ;* on ne les laisse pas teter, on les fait boire dans un vase qui doit être toujours tenu dans la plus grande propreté. Par ce moyen on peut leur faire boire le lait de plusieurs vaches, ce qui est toujours nécessaire, surtout dans les derniers temps. On conçoit que ce genre de spéculation ne peut être réellement profitable que dans les cas où la vente du lait en nature n'est pas possible, car quel que soit le prix de ces veaux, on leur vend toujours à vil prix celui qu'ils boivent ainsi à satiété.

Au reste, on ne peut pas dans toutes les localités se livrer avec avantage à cette industrie, car ainsi que je l'ai expliqué dans *Physiologie de la terre*, le lait comme toutes les autres productions du sol, participe de la nature des principes élémentaires dont il s'est formé, et par conséquent les transmet par l'assimilation aux animaux qui s'en nourrissent. Aussi on ne parvient jamais, dans certains cantons, à faire des veaux dont la chair soit aussi fine et aussi blanche que celle d'un autre canton souvent très voisin, bien qu'on les y nourrisse de même exclusivement avec du lait. Sans chercher précisément à résoudre cette mystérieuse question de physiologie organique, j'ai fait remarquer que ce sont toujours les sols les plus légers, les plus pauvres et les moins travaillés et fumés, qui donnent au lait, comme au blé et à la laine, cette supériorité de qualité, cette finesse et cette blancheur que l'on ne trouve jamais au même degré dans les mêmes matières provenant de terres fortes, riches, souvent fumées et ne se reposant presque jamais.

Nous aurons occasion de revenir plus d'une fois peut-être sur cette curieuse observation, et nous verrons que la nature ne s'écarte jamais de cette règle dont l'explication est difficile, mais cependant ne me paraît pas impossible.

Un excellent moyen de tirer un grand parti de la vacherie, dans une exploitation rurale, c'est d'employer les vaches à de légers travaux de labourage et de charroi. Ce travail peu fatigant pendant quelques heures chaque jour, leur fait beaucoup de bien et ne les empêche pas, quand elles sont suffisamment nourries, de donner du lait en abondance.

Cette profitable méthode ne saurait être trop

recommandée ; mais il faut bien le dire, pour être vraiment avantageuse elle demande de grands soins et une attentive surveillance, c'est par cette raison sans doute qu'elle est si rarement mise en pratique.

Si vous étiez en position de vendre avec avantage le lait en nature, je vous conseillerais d'avoir seulement des vaches laitières, c'est-à-dire, de faire comme les nourrisseurs des environs de Paris, d'acheter des vaches venant de vêler et de les revendre aussitôt que leur lait commence à diminuer. Dans ce cas, il est nécessaire de n'acheter que de bonnes laitières, ce qui n'est pas toujours très facile.

On trouve dans les anciens auteurs des indications assez vagues pour reconnaître ces qualités. Olivier de Serres, conseille de donner la préférence pour cet usage, aux vaches des pays de plaines (*sorties d'endroit soleillant*), sur celles venant de lieux couverts et ombragés. Malgré mon respect pour les avis du patriarche de l'agriculture française, il me semble impossible de l'approuver dans cette circonstance, car on ne peut comprendre sur quoi se fonde cette assertion. Depuis quelques années, un cultivateur des environs de Libourne, nommé Guénon, a préconisé un moyen, selon lui infaillible, de reconnaître la puissance laitière des vaches, et de nombreuses expériences faites avec soin ont paru confirmer l'utilité de sa découverte. Si elle reçoit la sanction du temps, elle sera infiniment précieuse pour les agriculteurs qui devront de la reconnaissance à son auteur. C'est à la forme de certains écussons, formés par des *épis* que fait le poil au-dessus du pis, en remontant vers la croupe, entre les cuisses, qu'il reconnaît si une vache est bonne laitière ou non. La peau qui est recouverte par ces écussons, est d'une couleur jaune, et il en tombe une matière onctueuse de même couleur ; plus les écussons sont développés, plus le lait est abondant et durable; et dans celles qui en sont totalement privées, ce produit est presque nul. Le *Journal le Cultivateur*, dans son numéro de juillet 1844, contient un rapport très intéressant, fait à la société d'agriculture de Toulouse, au nom de la commission nommée par elle, pour vérifier dans diverses vacheries le système de M. Guénon présent à cette opération.

Ce rapport dû à la plume exercée de M. le docteur Audouy, est en tout point favorable à la méthode de M. Guénon, qui dans sept vacheries qui lui étaient parfaitement inconnues, et sur 46 vaches, a vingt-deux fois dit le nombre juste de litres fournis par les vaches soumises à son examen, onze fois ne s'en est éloigné que d'un litre, et dix fois de deux à trois litres. Vous trouverez comme moi cette expérience décisive en faveur de cette utile et curieuse découverte. Au reste, M. le docteur Audouy donne, à l'appui de cette méthode, une explication physiologique fort ingénieuse, et qui me paraît, sinon entièrement incontestable, du moins très probable et très admissible. Selon lui, ce serait *l'abondance et le développement des vaisseaux lymphatiques, qui dans les bonnes laitières produirait cette couleur jaune de la peau ; et une plus abondante exhalation, par suite de la présence d'un plus grand nombre de ses vaisseaux, qui formerait la matière concrète se détachant de la peau, matière qui sera d'autant plus épaisse et plus onctueuse, que le lait de la vache est moins séreux.*

Vous le voyez, cette découverte mérite d'être prise en sérieuse considération, et je vous engage fort à ne pas dédaigner de l'étudier dans l'ouvrage même de l'auteur ; elle pourra vous rendre de grands services, comme à tous ceux qui auront le bon esprit de profiter des instructions de M. Guénon.

Longtemps encore cette méthode, comme presque toutes les découvertes réellement utiles, sera sans doute l'objet de l'indifférence, du dédain même, non seulement des ignorants, mais aussi des esprits forts en agriculture : n'imitez pas ce triste et sot exemple : lors même que la bonté de la méthode Guénon ne s'appuierait sur aucun fait physiologique, puisque l'expérience prouve qu'elle est rarement en défaut, tout cultivateur, prudent et sage, doit s'empresser d'en faire son profit, et de s'en aider dans une des appréciations les plus difficiles de son art.

Enfin, soit que vous fassiez des élèves, vendiez des veaux de lait, ou tiriez directement parti de votre laitage, vous vous garderez bien d'imiter la funeste indifférence de beaucoup de cultivateurs qui abandonnent à la nature, l'époque de la naissance des veaux. C'est là cependant une question de la plus haute importance, puisque le prix de ces animaux varie quelquefois de moitié, suivant le temps où ils sont bons à vendre. Il en est de même du laitage, selon l'emploi auquel on le destine. Je vous engage donc à ne pas négliger cette utile observation, et à vous arranger de manière que la plus grande partie de vos vaches mette bas à l'époque la plus favorable à vos intérêts. Presque toujours ce sera celle où il naît habituellement le moins de veaux dans le pays, car souvent ils sont si abondants au printemps, époque la plus ordinaire de leur venue, que sur les marchés ils sont à vils prix, tandis qu'en hiver, ils se vendent, à poids égal, deux ou trois fois plus cher. La même observation s'applique au laitage et aux élèves d'un an, que l'on vend à des époques fixes.

XII⁰ Lettre.

ENGRAISSEMENT DES BŒUFS.

*A Monsieur ***,*

Il est une autre spéculation agricole qui a bien ses avantages et ne manque pas d'attraits pour les agriculteurs qui aiment à voir leurs étables richement garnies de beaux et bons bestiaux, c'est celle *de l'engraissement des Bœufs;* mais si cette industrie est quelquefois profitable, elle est souvent coûteuse et toujours fort hasardeuse.

Aussi, à moins d'une position exceptionnelle, je ne vous engagerai pas à la tenter sur une vaste échelle, c'est-à-dire, à acheter de grandes quantités de bœufs maigres pour les engraisser à l'étable. En général les bœufs sont dans cette circonstance un très mauvais foyer de consommation des denrées agricoles, et à moins que ce soit absolument impossible, il vaut mieux vendre ces denrées même à très bas prix.

Dans tous les cas vous ne tenterez cet engraissement qu'après vous être assuré que vous êtes placé dans des conditions favorables, et vous vous baserez à cet égard sur les principes que j'ai posés dans la *Physiologie de la Terre.*

Si vos foins ne sont pas d'une nature grasse et succulente; si les terres où vous récoltez les autres denrées destinées à être consommées par les bœufs à l'engrais ne sont pas riches et saturées de fumier, vous ferez mieux de les employer à nourrir des élèves ou des vaches laitières, puisque leurs principes élémentaires sont bien plus en rapport avec ce genre de production qu'avec celui de la graisse.

Pour faire de la viande grasse il faut de l'herbe grasse, et de l'oubli de cette règle naturelle sont venus et viendront encore bien des mécomptes (PHYSIOLOGIE DE LA TERRE).

Si vos foins, quoique de bonne qualité, ont poussé dans des prés peu riches en substances organiques animales, vos bœufs en mangeront d'énormes quantités sans prendre la graisse, et vous serez obligé de suppléer à l'impuissance de votre foin par une plus grande quantité d'une autre nourriture plus riche en principes azotés, telle que, les grains et les tourteaux, ce qui, en définitive, devient fort coûteux.

Si vous voulez engraisser seulement vos bœufs de réforme remplacés, ainsi que je vous l'ai déjà conseillé, par des jeunes sujets élevés dans la ferme, vous n'attendrez pas qu'ils soient trop âgés et vous ne devrez les faire entrer dans l'étable d'engrais que dans un état d'embonpoint déjà satisfaisant.

On ne saurait croire combien l'inobservance de cette règle entraîne de longueur et par conséquent de dépenses inutiles.

Mais c'est surtout quand on achète des bœufs pour les engraisser qu'il faut être inflexible à un égard. Il faut plus de temps et d'argent pour remettre en bon état un vieux bœuf maigre et rompu de travail, comme la plupart de ceux que l'on trouve dans les foires pour cet usage, que pour amener d'un

bon état ordinaire à la pléthore graisseuse un bœuf
de huit ans, en bonne chair et bien reposé. Attachez-
vous donc, sur les marchés, à choisir des bœufs remplissant ces dernières conditions, vous les paierez
plus cher et cependant ils vous donneront plus de
bénéfice net que des bœufs épuisés par l'âge et le
travail.

Une attention trop souvent négligée et que je vous
recommande vivement aussi, c'est de choisir de
préférence les bœufs provenant de pays maigres où
les prairies artificielles sont peu cultivées. Ces bœufs
habitués à une vie dure et à une nourriture peu
substantielle, quand du reste ils sont bien conformés et bien portants, font ordinairement des miracles à la crèche, sous l'influence du repos et d'une
nourriture succulente. Ce fait est bien connu des
engraisseurs de moutons qui viennent tous les ans
de divers pays en acheter en Berry.

J'ai entendu plusieurs de ces marchands déplo-
rer amèrement l'introduction de la culture des prairies artificielles dans les plaines arides de ce pays;
les moutons sont plus *durs*, suivant leurs expression significative, depuis qu'ils ont goûté de ces

plantes plus appétissantes et plus nourrissantes que l'herbe courte et rare de ces contrées pierreuses et calcaires.

Une fois vos bœufs entrés dans l'étable d'engraissement vous devrez faire apporter une rigoureuse exactitude dans les soins qu'on leur donne, et une régularité non moins rigoureuse dans l'administration de leurs divers repas.

Vous les ferez étriller et bouchonner avec soin deux fois par jour, soir et matin, les étables devront être solitaires, silencieuses et légèrement obscures. L'entrée en sera soigneusement interdite aux étrangers, dont la vue insolite inquiète et tourmente les animaux. La température devra y être maintenue à un point assez élevé; la chaleur est favorable à l'engraissement, elle dispose au repos et facilite l'assimilation d'une plus grande quantité des substances organiques, absorbées par les animaux. Voyez à cet égard ce que j'ai dit dans mes *Principes généraux d'agriculture*, sur les aliments qui se *brûlent* pour entretenir la chaleur vitale.

Au reste, diverses expériences faites par des

chimistes distingués, et une entre autre par Vauquelin, semblent confirmer cette opinion que j'ai émise, que, *d'après l'immuable loi de l'association obligée des quatre éléments vitaux, dans l'œuvre de l'organisme et de leur concours dans toutes les fonctions des êtres animés, on doit penser que les parties des aliments qui, combinés avec* L'AIR *et* L'EAU, *se brûlent ainsi pour alimenter le* FEU *ou la chaleur vitale, sont principalement des parties* TERREUSES, *c'est-à-dire, appartenant à la constitution élémentaire et primitive du globe terrestre* (1).

Vauquelin ayant fait manger à une poule, une quantité d'avoine contenant 15 grammes de parties salines et terreuses, savoir : 6 de *phosphate de chaux* et 9 de *silice*, a trouvé que cette poule avait dans dix jours, produit dans ses excrétions et ses œufs, 41 grammes de mêmes substances, savoir : *phosphate de chaux* 13, *carbonate* 20 et 8 de *silice*, elle aurait donc créé 7 grammes de *phosphate*, 20 de *carbonate*, et consommé au contraire, 1 gr. de *silice* sur les 9 qu'elle avait absorbé dans l'avoine.

(1) *Physiologie de la Terre*, page 504.

Sur la question du nettoiement des étables, les avis sont partagés ; les uns exigent une grande propreté et veulent que le fumier soit enlevé tous les jours ; les autres, au contraire, veulent qu'on le laisse s'entasser sous ou derrière les animaux, et soutiennent que ses émanations azotées sont favorables à l'engraissement. L'avis de ces derniers me paraît basé sur des raisons puissantes, il est conforme aux principes de l'assimilation organique qui sans doute s'opère aussi par la respiration, ainsi que je l'ai fait remarquer dans les *Principes généraux d'agriculture.* (1) *Il est même certain que l'air des étables, moins vif et plus azoté que l'air extérieur, prédispose à la pléthore graisseuse.*

L'embonpoint ordinaire et la belle carnation habituelle des bouchers et des écarrisseurs, prouve que l'air imprégné d'émanations animales possède même une certaine puissance nutritive. C'est un moyen auxiliaire et mystérieux de l'assimilation organique.

Nous recommandons cette observation aux sé-

____

(1) *Physiologie de la terre*, page 477.

rieuses méditations des personnes qui se livrent à l'engraissement des bestiaux.

Toutefois, comme il doit y avoir de sages limites en tout, il est bien entendu que dans ce cas on ne doit laisser le fumier s'entasser dans les étables que jusqu'à ce point où il procure une douce chaleur et laisse échapper certaines émanations qui lui sont particulières et qui, loin d'avoir rien de désagréable pour l'odorat, sont, dit-on, favorables aux organes de la respiration. Au reste, cette question n'est pas encore parfaitement éclaircie et ne sera pas définitivement jugée de longtemps, sans doute; mais elle mérite au moins d'être étudiée avec soin, et je vous engage à vous livrer à des expériences sur ce point si important de l'économie rurale.

Vous devrez varier avec soin la nourriture de vos bœufs, et toujours de manière à exciter leur appétit. Moins on leur en donne à la fois et mieux cela vaut; si l'on pouvait la mettre devant eux poignée à poignée, comme on le fait dans certaines petites fermes du Berry, où l'on engraisse une couple de bœufs par an, cela serait encore bien préférable. Les bœufs à l'engrais sont comme des gastronomes blasés, très difficiles sur ce qu'on leur sert ; ils sont, par la satiété, toujours près du dégoût, et quand ils ont soufflé plusieurs fois sur le foin placé devant eux, ils n'en veulent plus parce que leur haleine en a corrompu la fraîcheur et altéré le parfum. C'est là une observation très essentielle sur laquelle je ne saurais trop insister pour vous engager à apporter une surveillance rigoureuse sur la manière dont les gardiens de vos bœufs leur distribuent leur nourriture. La variété, la propreté et la petite quantité à la fois, sont trois points essentiels et indispensables au succès.

La variété est nécessaire, non seulement pour entretenir l'appétit des animaux, mais aussi parce que la diversité des aliments est favorable à l'entretien de l'organisme, composé de tant d'éléments divers. Il est de certains aliments qui, non seulement ne pourraient pas seuls engraisser les bœufs, mais qui même ne suffiraient pas à l'entretien de leur vie. On avait déjà constaté que des chiens nourris de gélatine seule dépérissaient promptement et finissaient par mourir d'inanition. M. Boussingault vient de faire une semblable expérience et de constater le même résultat sur deux vaches qui, nourries de betteraves et de pommes de terre seules, sont tombées dans le marasme et seraient mortes si l'on n'eût promptement rétabli l'équilibre de la vie animale par des fourrages et des tourteaux de graines oléagineuses. Ces expériencs viennent confirmer les principes de l'assimilation des substances similaires dans les deux règnes, et doivent faire loi dans la matière. Au reste, ce que la science vient de constater, l'instinct et le bon sens des cultivateurs l'avait deviné depuis longtemps, et jamais il n'est entré dans l'idée d'aucun d'eux de nourrir ses bestiaux exclusivement de racines.

Certes, ces expériences ne sont pas sans intérêt, et l'on doit rendre grâce aux savants et laborieux chimistes qui se livrent ainsi sans relâche à ces curieuses investigations ; mais il faut bien le dire pour être vrai, toutes ces belles et intéressantes découvertes n'ont aucune utilité réelle pour la pratique, et ne font pas faire un seul pas de plus aux progrès agricoles.

MM. Payen. Boussingault et Dumas, ces habiles et infatigables explorateurs des déserts inconnus de la science, ont annoncé qu'ils avaient découvert *la graisse toute formée* dans les substances végétales. Sans mettre en doute toute la vérité de cette assertion, et sans même m'arrêter à diverses objections que je pourrais faire sur la véritable nature de cette *substance graisseuse* et sur son identité positive, absolue avec la *graisse animale*, je le demande, en quoi cette singulière découverte peut-elle servir à l'agriculture et contribuer à ses succès ? Nous savions tous, comme nos pères l'ont su depuis le commencement du monde, que les divers fourrages engraissaient nos moutons et nos bœufs ; nous connaissions même fort bien ceux dont la vertu engraissante était supérieure à celle des autres ; que nous importe et de quelle utilité peut-il être pour nous de savoir qu'ils produisent cet effet parce qu'ils contiennent la graisse toute formée ; nos bœufs et nos moutons en seront-ils plus et plus tôt gras ? C'est curieux si c'est vrai, voilà tout.....

Il faut même le dire, le résultat des expériences de ces messieurs ne paraît pas entièrement conforme a ce que nous apprend l'expérience, ce grand maître des maîtres. En effet, ils ont trouvé une proportion considérable de *graisse* dans la paille d'avoine, presque aussi considérable que dans le foin, et cependant il est bien reconnu et entièrement hors de doute que la paille d'avoine a bien moins de vertu nutritive que le foin.

Mais c'est assez, j'ai voulu vous signaler seulement ce fait, non pas pour déprécier à vos yeux les expériences et les travaux de ces chimistes distingués, expériences qui m'intéressent moi-même au plus haut degré, mais pour vous mettre encore en garde contre cette fatale tendance des savants de notre époque à transformer l'agriculture, cet art si grand et cependant si clair et si simple, en une espèce d'alchimie mystérieuse ou d'obscure métaphisique.

Cette manie vient, comme je l'ai dit, du besoin qu'éprouvent tous les hommes de faire du nouveau, parce que le nouveau seul plaît aujourd'hui.

Mais c'est en agronomie surtout qu'il est difficile d'être réellement et utilement neuf, car l'agriculture est une science aussi simple qu'elle est ancienne ; cette science est toute dans la connaissance de ces principes éternels, immuables, universels, que j'ai essayé de poser et d'expliquer dans la *Physiologie de la Terre*, et dont je fais avec vous, dans ces lettres, l'application à la pratique. Hors de là, tout est obscur et vague, et par conséquent nuisible, dangereux ou tout au moins inutile, et tous ces beaux systèmes empruntés aux savants étrangers, toutes ces expériences et découvertes curieuses, tous ces calculs spécieux n'ont pas d'effet réellement utile sur la prospérité de notre agriculture ; ils ne lui ont pas fait et ne lui feront pas récolter un hectolitre de blé ou engraisser un bœuf de plus.

Mais revenons à notre sujet. Non seulement vous aurez soin de varier les aliments journaliers de vos bœufs, mais vous devrez encore prendre en considération, dans l'emploi de ces aliments, la puissance nutritive de chacun d'eux, et les échelonner suivant cette puissance sur toute la durée de l'engraissement. en commençant par administrer les moins nourrissants. les plus légers. et en finissant par les plus riches en substances nutritives les plus avancées vers la perfection organique.

Ainsi, dans les racines, vous donnerez d'abord les raves et les turneps, ensuite les pommes de terre ou les betteraves, en gardant pour la fin celles de ces racines que, suivant le terrain où elles auront crû, vous jugerez les plus riches en matières utilement assimilables; car la puissance nutritive des betteraves ou des pommes de terre varie beaucoup, comme celle des foins, suivant la nature et la richesse du sol qui les a nourris. Vous suivrez la même règle pour les foins : les moins bons d'abord et ensuite les plus substantiels, et enfin vous terminerez l'engraissement par l'application des substances douées d'une plus grande énergie nutritive, telles que les farines de céréales et les tourteaux de graines oléagineuses; imitant en cela le général habile et sage qui réserve ses meilleures troupes pour frapper le grand coup au moment décisif.

En examinant avec soin la marche que suit la nature dans le phénomène de la pléthore graisseuse, marche sur laquelle nous nous réglons pour lui venir en aide, nous voyons la production du sang et de la chair précéder celle de la graisse qui est le dernier terme de la perfection organique. Nous devons donc favoriser ce travail de la nature par l'application intelligente des aliments les plus convenables à chacune de ses périodes ; les aliments moins nourrissants suffisent d'abord quand il s'agit de remplir seulement les veines et de garnir complétement de chair la charpente osseuse ; puis les plus riches en sucs nutritifs, quand l'animal ayant complété le volume possible de son sang et de sa chair, une grande partie des aliments se transforme en graisse, espèce de réserve intestine que la nature prévoyante fait dans les jours d'abondance pour les jours de disette.

Cette graisse est, si je puis m'exprimer ainsi, de l'extrait ou de l'essence de sang et de chair que plus tard l'animal retransformera en ses diverses substances, quand le besoin s'en fera sentir pour lui. Pour produire cette *essence* dans un estomac pléthoreux et blasé, il faut, on le comprend, des aliments contenant, sous un petit volume, le plus possible de substances facilement assimilables à celle qu'il s'agit de produire, et plus ils rempliront

cette condition essentielle, plus ils seront avantageux.

Si les céréales et les graines oléagineuses conviennent parfaitement pour atteindre le but, c'est
qu'elles se rapprochent plus que les autres matières
végétales du règne animal, par les substances azotées et grasses qu'elles contiennent.

En suivant cette indication de la nature et en
raisonnant par analogie, on se trouve amené à
penser qu'une nourriture animalisée devrait favoriser éminemment l'engraissement des bœufs, surtout en l'administrant vers la fin de l'opération,
c'est-à-dire au moment où la machine ne fait plus
que de la graisse.

Je vous conseille de tenter cette expérience ; la
meilleure manière d'administrer cette nourriture
animale serait de donner à boire aux bœufs soumis
à ce régime, de l'eau dans laquelle on aurait fait
bouillir des os et des basses viandes, en mêlant à
ce bouillon un peu de farine d'orge.

Je dois vous recommander aussi une excellente
méthode pour l'engraissement des bœufs, c'est de
leur donner. au lieu de racines crues, une espèce

de *julienne* composée de légumes de toutes espèces cuits dans l'eau et assaisonnés d'un peu de sel et de farine d'orge, d'avoine, ou de tourteaux ; on leur sert ce potage chaud en même temps que le foin, ils en deviennent très avides et s'en trouvent fort bien. C'est dans ce cas surtout qu'une addition de substances animales devrait produire un excellent effet, et je vous engage vivement à en faire l'essai.

Dans tous les cas, la boisson devra toujours être donnée chaude et assaisonnée d'un peu de farine ; il est même très avantageux de la laisser aigrir, car les animaux la préfèrent dans cet état. On y parvient facilement en mélangeant dans des tonneaux un peu de levain à l'eau chargée de farine, et puis en laissant toujours au fond de ces vaisseaux le marc de cette farine, qui communique promptement son acidité au nouveau mélange dont on le remplit. Des pommes de terre cuites et écrasées jointes à ce mélange, produisent aussi un excellent effet et sont plus économiques.

Enfin, pour entretenir l'appétit des bœufs, activer et rendre plus efficaces les fonctions de l'estomac, vous devrez mélanger à leurs aliments une certaine quantité de sel; la dose journalière varie de 75 à 100 grammes, suivant la taille.

Mais surtout il ne faut pas, comme on le fait dans bien des lieux, leur donner ce sel en nature. Une si petite quantité de substance saline, avalée en une seule fois par les animaux, se trouve comme noyée et perdue dans la masse d'aliments contenue dans leur estomac, et son effet devient à peu près nul. Il faut l'employer en le mélangeant à l'eau dont on arrose leurs fourrages, ou mieux en mettre une certaine quantité dans un sac de forte toile très serrée, et le suspendre devant eux. Les bœufs s'amusent à lécher ce sac pendant l'intervalle de leurs repas, et le sel qu'ils absorbent ainsi lente‑ment, en se mêlant bien mieux à leurs sucs salivai‑res, excite davantage leur appétit et agit avec bien plus de puissance sur toute leur machine.

Un autre moyen un peu plus compliqué, mais peut-être préférable, est de mélanger du sel dans une proportion suffisante, à de la farine de seigle, et d'en former des boules ou des galettes que l'on fait durcir au four et que l'on place devant les bœufs, qui, en les léchant, absorbent ainsi le sel peu à peu. Ce mélange de farine avec le sel leur plaît beaucoup et leur est fort salutaire. J'ai aussi essayé de le mélanger avec de la résine. Ce mélange, que les bœufs lèchent avec avidité, m'a paru leur être très salutaire.

Ainsi, résumant tout ce que nous avons dit de l'engraissement des bœufs, vous ne vous livrerez à cette spéculation difficile et douteuse que si vos herbes, vos racines et vos grains sont d'une qualité supérieure; vous choisirez de préférence les bœufs venant d'un pays plus maigre que le vôtre, et ne les ferez entrer à l'étable d'engrais que jeunes encore, c'est-à-dire ayant huit à dix ans au plus, bien reposés et en bon état. Vous les placerez dans des étables où la température devra être élevée et où rien ne troublera leur repos et leur tranquillité.

Que vous fassiez ou non enlever souvent le fumier des étables, vous tiendrez vos bœufs dans un état continuel de propreté en renouvelant la litière et en les faisant étriller deux fois par jour. La nourriture sera variée, donnée en petite quantité à la fois, et la puissance nutritive des aliments devra augmenter a mesure que l'engraissement approchera de son terme. La boisson sera toujours administrée chaude, un peu aigre et mélangée de légumes cuits avec une légère addition de farine; il sera bon de l'animaliser vers la fin de l'engraissement en ajoutant aux légumes des os et des basses viandes que l'on retirera avant de verser le bouillon dans l'auge des bœufs. Ces os et cette viande pourront être utilisés dans l'exploitation; les os concassés serviront à l'engraissement de la terre, les basses viandes à la nourriture des porcs qui en sont avides et qu'elles engraissent rapidement. Enfin chaque bœuf recevra journellement une ration de sel de 75 à 100 grammes environ, donnée comme nous l'avons expliqué ci-dessus.

Ces moyens, employés avec discernement et surtout une rigoureuse ponctualité dans le service de l'étable, devront assurer le succès, toutes les fois que cette industrie s'exercera dans des conditions assez favorables, ce qui est fort rare; car, je le répète, les bœufs à l'engrais sont, dans l'état actuel de l'économie rurale, presque partout en France un des plus mauvais conduits par lesquels une exploitation puisse faire écouler ses produits.

Avant de vous y livrer, réfléchissez donc bien mûrement, consultez longuement ces *principes fondamentaux de l'existence organique, principes immuables, principes universels qui répondent à tout, expliquent tout et apprennent tout en agriculture*. (PHYSIOLOGIE DE LA TERRE.) L'engraissement des bœufs, c'est la conversion par assimilation de la matière organique végétale en chair grasse et en graisse, c'est-à-dire en matière animale très avancée vers la perfection. Pour produire cette perfection organique, il faut nécessairement des moyens puissants, par conséquent des matières très nutritives employées en très grande quantité. C'est à vous de calculer aussi exactement que possible la valeur et 'a qualité des fourrages, racines et grains destinés à être convertis en graisse, pour savoir ce qu'elle vous coûtera réellement ; et puis en comparant son prix de revient à celui présumé de vente, vous aurez à examiner si vous ne pourriez pas trouver un débouché plus avantageux de vos denrées, que celui des bœufs à l'engrais, qui en sont presque toujours d'assez mauvais acheteurs.

Je n'entrerai dans aucun détail sur l'engraissement des bœufs en liberté dans les herbages. Les mêmes principes généraux de l'assimilation organique s'appliquent à cet engraissement comme à celui de l'étable. C'est dire qu'il n'est prompt et réellement avantageux que dans les herbages gras saturés eux-mêmes de cette graisse qu'ils doivent transmettre à l'animal. En vain vous mettrez des bœufs dans l'herbe jusqu'au jarret, si cette herbe n'est pas en fonds naturellement gras ou fortement engraissé par des fumures abondantes et réitérées comme les *pâtures grasses* de Flandre, vos bœufs seront vifs, bien portants et en bonne chair, mais ils ne passeront pas à l'état de graisse, par cette raison bien simple et bien naturelle que les herbages qu'ils consomment ne leur en fournissent pas pour se l'assimiler. *L'herbe, comme toute autre chose dans la nature, ne peut donner que ce qu'elle a.* (PHYSIOLOGIE DE LA TERRE.) Nous verrons plus tard les moyens d'amener les pâturages à cet état de pléthore graisseuse végétale, qui seule peut amener la pléthore graisseuse animale.

Si vous avez de ces herbages gras et si vous y

engraissez des bœufs, je vous rappellerai l'excellente méthode flamande d'y mettre en même temps quelques poulains pour consommer l'herbe que les bœufs dédaignent et qui pousse et monte en graine par touffes, ce qui cause une perte réelle et nuit à la sole de la prairie.

Vous remarquerez que je ne suis entré dans aucun détail sur la quantité de nourriture nécessaire pour engraisser les bœufs dans un temps donné. Ces évaluations, dont sont si prodigues beaucoup d'auteurs, sont toujours fautives, et il est impossible qu'il en soit autrement, puisque, comme je l'ai dit ci-dessus, les résultats doivent changer avec les causes, et par conséquent l'engraissement être plus ou moins prompt, suivant la nature et l'état des animaux d'abord, et ensuite selon le plus ou moins de qualités nutritives des aliments qu'on leur donne, qualités qui varient à l'infini avec la nature des terrains producteurs, les circonstances atmosphériques de l'année et l'époque de leur consommation. Aussi, tous les auteurs qui ont voulu se livrer à des appréciations fixes à cet égard sont tombés dans une singulière confusion ; je n'en citerai, qu'un exemple emprunté à l'un de ces hommes éminents qui sont regardés comme les flambeaux de l'agriculture.

Thaër après avoir avancé qu'un bœuf de bonne taille doit s'engraisser *en 112 jours*, avec une ration quotidienne de 10 *livres de paille*, 8 *livres de foin* et 50 *livres de pommes de terre*, équivalant, selon lui, à 25 *livres de foin*, ce qui fait par conséquent, en réduisant les racines en foin, 10 *livres de paille* et 33 *livres de foin* par jour, dit un peu plus bas avoir nourri sa vacherie pendant un an avec une ration journalière par tête, de racines et foin équivalant à 23 *livres de foin* et 7 *livres de paille*, de sorte qu'un fort bœuf s'engraisserait en 112 jours avec seulement 10 *livres de foin* et 3 *livres de paille* par jour de plus que la ration d'entretien journalier d'une forte vache pendant toute l'année, ce qui me paraît absolument impossible.

Mais ce n'est pas tout, M. Caffin d'Orsigny, *cultivateur pratique* habile et bien compétent dans la matière, car il dit avoir expérimenté sur plus de 40.000 bêtes, prétend, dans une note lue à l'Académie des sciences et à la Société royale et centrale d'agriculture, qu'il faut 25 *kilogrammes d'excellent foin* pour produire 1 *kilogramme de viande*. Or, comment un *bœuf de forte taille* pourrait-il s'engraisser en 112 *jours*, en consommant seulement par jour 16 *kilos* 1/2 *de foin* et 5 *kilos de paille*, soit, en réduisant la paille en foin, environ 19 *kilos de foin*. En admettant les calculs ci-dessus, il n'augmenterait en moyenne que de 760 *grammes* par jour, soit de 85 *kilos* 120 *grammes* pendant 112 jours. Évidemment, une aussi faible augmentation ne suffirait pas pour faire un bœuf gras d'un bœuf maigre de forte taille. Vous le voyez, tous ces calculs se combattent et se détruisent les uns les autres.

Que serait-ce donc si l'on voulait croire aux évaluations que donne le même auteur d'après le chimiste Allemand Einhoff, de la valeur nutritive des diverses racines et fourrages habituellement consommés par les bestiaux des fermes; on s'exposerait à tomber dans de bien fâcheuses erreurs. Il me suffira d'un seul exemple pour réduire toutes ces évaluations à leur véritable valeur; ainsi selon le chimiste Allemand cité par Thaër, la valeur nutritive des *betteraves* serait inférieure à celle des *pommes de terre* de trois cinquièmes, à celle des *carottes* et des *rutabagas* de près de moitié, à peu près égale à celle des *raves* et des *feuilles de choux*, et près de six fois inférieure à celle des fourrages légumineux. C'est-à-dire que 500 kilogrammes de *betteraves* équivaudraient à 200 kilos de *pommes de terre*, 370 de *rutabagas*, 525 de *raves*, 266 de *carottes*, 600 de *feuilles de choux*, et seulement à 90 kilos de trèfle, luzerne, vesce et sainfoin secs.

C'est encore là une immense erreur, les *betteraves crues* sont à peu près aussi nourrissantes que les *pommes de terre* et les *carottes crues*, et beaucoup plus nourrissantes que les *rutabagas* et surtout que les *raves* et les *choux*.

L'auteur d'un autre tableau comparatif de la valeur nutritive des différentes substances employées à la nourriture des bestiaux est un peu plus généreux, et, je le crois, plus juste envers la betterave. Dans ce tableau, *le plus complet qui ait paru en Europe*, dit son auteur (1), il n'y a plus entre la betterave à sucre et la pomme de terre qu'une diffé-

(1) *Moniteur de la propriété et de l'agriculture*, année 1841.

rence insignifiante, c'est-à-dire que sa valeur nutritive est à celle des pommes de terre comme 26,44 est à 22,40, ce qui contredit grandement l'opinion de Thaër, qui, comme nous venons de le voir, estime la betterave inférieure à la pomme de terre, comme 20 l'est à 50.

Je n'insisterai pas davantage sur toutes ces évaluations qui, manquant également de base et de sanction, sont propres seulement à égarer les cultivateurs ordinairement trop disposés à accorder une imprudente confiance à tout *ce qui est écrit.* Je me bornerai à vous faire remarquer que pour donner à leurs calculs une plus grande apparence de vérité, non seulement ces agronomes ne posent presque jamais des chiffres ronds, mais ont au contraire grand soin d'obtenir presque toujours des chiffres impairs, ainsi la valeur nutritive des betteraves champêtres est à celle des carottes comme 3,173 est à 2,975, etc., etc. ! !

Oh ! charlatanisme ! charlatanisme ! tu n'épargneras donc pas même notre pauvre agriculture !

Au reste et quoi qu'il en soit, je le répète, toutes ces expériences appliquées à des règles générales.

pèchent par la base et tendent seulement à amener
des mécomptes fâcheux. Elles sont même très difficiles à appliquer à une seule et même localité, et
leurs résultats restent toujours fort douteux, car la
valeur nutritive de chaque espèce d'aliments peut
varier non seulement chaque année, suivant les
circonstances atmosphériques, mais aussi dans ceux
de la même récolte suivant la nature et la richesse
du sol qui les a produits.

Ainsi, pour les bœufs à l'engrais comme pour
les vaches laitières et tous les autres animaux de
nos exploitations, nous repousserons une fois pour
toutes ces calculs généraux et ces évaluations fixes
du poids et de la valeur relative de leurs divers aliments. Nous serons guidés dans l'allocation de la
ration quotidienne à chacun de nos animaux, d'a-
bord par leur nature, leur taille et l'emploi que
nous en faisons, et ensuite par la connaissance de
la valeur nutritive habituelle de nos divers fourrages ou racines, selon le *lieu* de leur provenance,
en tenant compte des circonstances naturelles ou
fortuites qui ont pu influer diversement sur leur
qualité. Ainsi, tel champ ou telle prairie, comme

nous l'avons déjà souvent expliqué, donnera des produits plus nutritifs que tel autre, et ces produits dans le même champ, et toutes choses égales d'ailleurs, auront plus de qualité dans telle année que dans telle autre.

Combien les amis sincères de l'agriculture ne doivent-ils pas s'affliger de voir que des hommes d'un aussi grand mérite que Thaër et plusieurs de ses imitateurs ont employé et emploient encore tous les jours un temps précieux à élever péniblement tous ces échafaudages chancelants d'expériences et de calculs non seulement inutiles, mais même dangereux pour les cultivateurs novices, naturellement disposés à les croire, comme les oracles de leur art. (1)

(1) Je crois devoir faire remarquer à messieurs les chimistes et agronomes qui liront ces *lettres*, qu'en posant des règles générales pour aider la production de la graisse dans les animaux, je n'ai pas eu la prétention de résoudre l'obscure question physiologique de sa formation. J'ai dit et je maintiens que *certains aliments* peuvent seuls produire la graisse, mais je n'ai rien préjugé sur la manière dont s'opère cette mystérieuse transformation de la matière végétale en substance animale : ce n'est pas là notre affaire à nous simples cultivateurs.

XIIIe Lettre.

LAITERIE ET LAITAGE.

Monsieur ***,

Le laitage est un des principaux produits d'une vacherie; dans quelques contrées même, c'est le meilleur moyen d'en tirer un bon parti. Ainsi que nous l'avons déjà dit, le lait, sécrétion organique composée de trois parties principales, le beurre, le fromage et le sérum ou petit lait, participe dans sa nature, comme toutes les autres substances organiques, des principes élémentaires dominant dans les matières dont il a été formé. Il est plus *séreux,* plus léger et moins riche en matières *butyreuses* et *caséeuses* dans les cantons dont les herbes sont aqueuses et sans vertu nutritive; il est au contraire consistant, épais, abondant en *crème* et en *caseum* dans ceux où les herbes sont fortes et succulentes.

Vous aurez donc encore à prendre en considération la nature de votre sol et de ses productions avant de vous décider sur le parti à tirer de votre laitage.

Toujours et partout, la méthode la plus avantageuse est de vendre le lait en nature. Aussi, quand cela sera possible, vous n'aurez pas à vous occuper d'aucun autre soin, et lorsque vous ne le vendriez que quinze centimes le litre, ce serait encore le meilleur débouché de ce produit, car il faut bien des litres de lait pour faire une livre de beurre. Cette quantité varie dans d'énormes proportions, si l'on s'en rapporte aux dires des différents auteurs qui ont écrit sur la matière : selon les uns, dans certains pays, neuf litres de lait suffisent pour faire un demi kilogramme de beurre; et selon d'autres il en faut, dans d'autres localités, jusqu'à dix-neuf. Cette différence si grande ne peut s'expliquer que par une erreur dans les expériences faites, et ce serait plutôt dans le premier cas que dans le second que cette erreur aurait été commise, car il faut un lait riche pour que douze litres soient suffisants; prenant un terme moyen, il faudrait donc quatorze litres de lait pour faire une livre de beurre dont le prix moyen ordinaire est de 1 fr.. et qui, à 15 c., le litre, coûterait 2 fr. 10 c. Il est vrai qu'il reste le fromage et le petit lait, mais leur valeur est bien loin de compenser l'énorme différence existant entre le prix du lait vendu en nature ou bien converti en beurre.

Le produit en lait des vaches varie suivant l'espèce et surtout suivant la nourriture. Dans bien des pays de pauvre culture, les vaches donnent à peine de trois à quatre litres de lait par jour, dans les bons pays elles en donnent ordinairement de 8 à 10 et même 12; chez les nourrisseurs où elles reçoivent une nourriture abondante et propre à cette production, elle s'élève jusqu'à 18 et 20 litres; enfin, si l'on en croit les auteurs qui ont écrit sur ce sujet, il est certains pays où elle dépasse de beaucoup ce chiffre, et l'on a été jusqu'à citer certaines vaches qui ont donné 40 et même 45 litres de lait; mais ici je me trouve fort embarrassé, et plus que jamais disposé à proscrire toutes les expériences et évaluations agronomiques. En effet, d'après les calculs des agronomes, calculs basés, disent-ils, sur des expériences faites à ce sujet en France, en Belgique, en Saxe, en Suisse, en Hollande et en Autriche, il faudrait, en terme moyen, 100 *kilos de bon foin* pour produire 40 *litres de lait,* les vaches qui en donnent 20 *litres* devraient donc consommer 50 *kilos de foin*, et celles qui en donnent 40 *litres*, 100 *kilos* par jour!! *et nunc intelligite gentes.*

J'ai insisté sur cette observation en passant, pour vous faire remarquer encore combien sont incertains, pour ne pas dire fautifs et inadmissibles, tous ces calculs des rapports entre les objets consommés et leur produit; et comment pourrait-il en être autrement, puisque ces rapports doivent varier à l'infini, non seulement avec les pays et la nature des aliments, mais aussi suivant l'espèce des animaux et leur état d'embonpoint ou de santé.

Soyez donc sans cesse en garde contre toutes ces appréciations, ces calculs et ces résultats dont les auteurs géoponiques sont si prodigues. Prenez pour seul guide dans vos opérations votre propre expérience et les notions locales, et vous risquerez beaucoup moins de vous égarer dans ce chemin déjà si tortueux et dont les agronomes de cabinet finiront par faire un ténébreux dédale.

Je n'entrerai pas dans des détails circonstanciés sur l'administration de la laiterie, je vous ferai remarquer seulement que ce n'est pas une bonne méthode quand on veut tirer parti du lait, autrement que par l'élève des jeunes animaux, de laisser téter les veaux comme c'est l'usage dans bien des lieux, elle fait contracter aux vaches de mauvaises habitudes dont il est fort difficile de les corriger; la plupart du temps elles retiennent leur lait et finissent par le perdre entièrement quand elles ne voient plus leur veau, après lequel elles beuglent continuellement dans les premiers jours.

La meilleure manière est de traire les vaches et donner ensuite aux veaux leur ration qu'ils s'habituent bien vite à boire dans le sceau où on leur présente le lait encore chaud.

S'il était vrai, comme le prétendent certains auteurs, que le lait tiré le dernier contient une quantité plus grande de crème, différence qui, selon eux, irait de 5 à 50 pour $\%$, c'est-à-dire que la première partie de la traite n'en contiendrait presque pas, tandis que la dernière en donnerait moitié de son volume (ce qui semblerait indiquer que dans les vaisseaux internes de la vache la crème surnage comme dans les vases extérieurs où on dépose le lait); si, dis-je, cette observation était toujours vraie, comme on est assez porté à le croire par les nombreux et puissants témoignages à l'appui, il faudrait la prendre en sérieuse considération pour tirer le meilleur parti possible de ce produit suivant les divers usages auxquels on le destine; mais il règne tant d'obscurité dans ces questions, les agronomes sont si peu d'accord entre eux sur tant de points divers, que l'on est fort embarrassé pour distinguer la vérité au milieu de toutes ces contradictions.

Par exemple, l'auteur d'un article inséré dernièrement dans un journal agricole de Paris, donnait, comme une chose positive et bien constatée, que le lait de la traite du soir est plus crémeux que celui de la traite de midi, et celui-ci plus crémeux que celui de la traite du matin; et cependant cette assertion est en opposition directe avec les expériences de Deyeux et de Parmentier, rapportées par ce dernier dans une note du Théâtre d'agriculture d'Olivier de Serres, où il dit : nous avons acquis la certitude que *le lait du matin a plus de qualité que celui du soir, parce que vraisemblablement le sommeil donne à l'animal ce calme si nécessaire au perfectionnement de toutes les sécrétions.*

Dans le doute, le mieux est de s'assurer d'abord de ce qui existe habituellement, à cet égard, dans le pays que l'on habite, et d'observer les modifications temporaires apportées à la qualité du lait par la saison, le genre de nourriture, l'espèce et l'état de santé de l'animal, le tout par des expériences réitérées et bien faciles à faire, surtout à l'aide d'un lactomètre, instrument usité en Amérique et importé en France par M. de Valcourt, ou à son défaut, en versant le lait dans des bocaux étroits en verre blanc, sur lesquels on trace des lignes égales et on juge ainsi facilement de la proportion de la crème contenue dans le lait de chaque bocal.

Au reste, tous les auteurs sont d'accord sur ce point, que plus souvent on trait une vache et plus elle donne de lait; cette observation n'avait pas échappé à la sagacité d'Olivier de Serres, qui disait, il y a bientôt deux siècles et demi, *tous tiennent que souvent et curieusement traire les vaches augmente le laict.* Depuis, toutes les observations ont confirmé ce fait, et cela devait être, car il est fondé sur les lois naturelles de l'organisation animale. Le lait est une partie intégrante, nécessaire, indispensable même de l'organisme de la femelle pendant l'époque de la nutrition; dès que la quantité en est diminuée dans ses vaisseaux, tous les rouages de la machine tendent à réparer le plus vite possible cette perte, comme celle du sang, quand par accident il se fait un vide dans les veines : ainsi donc, plus on tire de lait, plus la machine animale s'efforce d'en produire. Mais, comme pour produire du lait il faut des aliments producteurs, on se trouve forcément conduit à cet inévitable corollaire, que si la vache que l'on trait trois fois donne plus de lait que celle que l'on trait deux fois seulement, il faut aussi à la première une nourriture proportionnellement plus abondante, ou sans cela elle maigrira plus que la seconde.

Traire souvent est donc un moyen non pas de tirer plus de lait d'une vache donnée, mais de lui faire convertir en lait une plus grande quantité d'aliments ; j'insiste sur ce point, car en économie agricole surtout, il est nécessaire de ne pas se laisser abuser par les apparences.

Une fois pour toutes, soyez bien convaincu de l'immuable puissance de cette loi naturelle que l'on n'obtient rien avec rien, et que l'organisme animal n'est qu'une machine vivante destinée à transformer les substances, et qui, par conséquent, comme les machines industrielles, ne produit qu'autant qu'on l'alimente de matière première.

En multipliant les traites on fait donc une espèce de violence à la nature; on la force à produire cette sécrétion outre mesure; aussi, dans ce cas, le lait est bien moins riche en principes nutritifs, parce qu'il n'a pas le temps de s'élaborer suffisamment dans les vaisseaux producteurs.

N'employez donc jamais ce moyen d'augmenter la quantité du lait aux dépens de sa qualité, lors même que vous le vendriez en nature, comme le conseillent quelques auteurs. Excepté dans certaines circonstances exceptionnelles où les vaches sont très abondamment nourries avec des aliments très succulents, on doit les traire deux fois par jour seulement ; cet espace de douze heures entre chaque traite est nécessaire pour donner au lait toute sa qualité, et il me paraît contraire à l'équité naturelle, de faire traire, pour le vendre aux autres, comme bon, du lait dont on ne veut pas pour soi. Conservons au moins dans nos campagnes la justice et la probité, depuis longtemps trop souvent oubliées dans les transactions commerciales des villes.

Au reste, cette observation tend à donner complétement raison à Parmentier et Deyeux, qui prétendent, comme nous l'avons vu plus haut, que le lait du matin est de meilleure qualité que celui de midi et du soir, contre les auteurs qui soutiennent le contraire. En effet, le lait de la traite du matin est *âgé* de douze heures, tandis que celui des deux autres traites ne l'est que de six.

Dans les paroles d'Olivier de Serres, citées plus haut, on trouve le mot *curieusement* qui signifie *entièrement*. Cela prouve que de son temps on pensait comme beaucoup de cultivateurs du nôtre, qu'il est nécessaire de retirer entièrement, à chaque traite, tout le lait contenu dans le pis des vaches. Pourquoi pensait-on ainsi du temps d'Olivier de Serres? Je l'ignore, mais du nôtre on prétend qu'en agissant autrement on s'expose à faire promptement tarir le lait des vaches.

On ne doit pas attacher une grande importance à ce préjugé, car il est impossible de se bien rendre compte de l'effet du tarissement par cette cause, mais il n'en est pas moins essentiel de tenir rigoureusement la main à ce que les vachères ne laissent pas une goutte de lait disponible dans les vaisseaux des vaches, d'abord parce qu'il paraît certain que le dernier lait de la traite est celui qui a le plus de qualité, comme nous l'avons dit ci-dessus, et ensuite parce que si l'on ne doit pas forcer la sécrétion du lait dans la machine animale, il est bon de l'entretenir dans une juste mesure et même de l'exciter dans de sages proportions. Si l'on cesse de traire une vache, son lait tarit complétement, parce que les vaisseaux, toujours pleins, ne demandent plus rien à la machine; par la même raison, dans celles que l'on ne trait pas à fond, le lait qui reste dans le pis diminue d'autant les besoins, et par conséquent les efforts de la nature pour la production de cette sécrétion.

Toujours les mêmes conséquences découlant des mêmes principes.

Ainsi, quand cela vous sera possible, vous vendrez votre lait en nature même à un prix très peu élevé, ce moyen étant le meilleur pour tirer un parti avantageux d'une vacherie. Si l'éloignement des villes ou de tout autre foyer de consommation ne vous permet pas cette profitable spéculation, vous aurez alors à opter entre la production du beurre, et par suite des fromages sans crème ou de basse qualité et celle des fromages de première qualité, c'est-à-dire faits avec le lait non écrémé. Vous serez guidé dans ce choix par l'usage et les besoins de la localité, et surtout par la connaissance des principes constitutifs de la nature de votre lait, c'est-à-dire que vous ferez du fromage ou du beurre suivant la matière qui dominera dans sa composition.

Quelle que soit celle de ces productions à laquelle

vous donnerez la préférence, vous devrez avoir une laiterie fraîche, exposée au nord, un peu sombre et soigneusement dallée en pierre, avec une pente légère pour favoriser l'écoulement des eaux. Tout autour devront régner des tablettes aussi en pierre polie pour y déposer les terrines et autres vaisseaux nécessaires pour les diverses manipulations.

Si vous faites du beurre, plus vous le ferez souvent et meilleur il sera. Il faudra, s'il est destiné à être conservé quelques jours, soigneusement l'épurer de toutes les parties séreuses en le lavant et le pétrissant longuement dans plusieurs eaux. Cette eau devra être tiède en hiver et la plus froide qu'il sera possible en été.

On extrait le beurre du lait par deux méthodes différentes : la première consiste à écrémer le lait quand la crème est suffisamment montée ; dans ce cas, il faut le mettre dans des terrines très évasées pour faciliter la séparation de la crème. Dans le second on soumet tout le lait au battage après l'avoir laissé séjourner plus ou moins longtemps, suivant la saison, dans des vaisseaux où on le remue de temps en temps pour empêcher la crème de monter.

On prétend que par cette méthode on retire plus de beurre de la même quantité de lait, et cela doit être en effet, puisque tout le lait est soumis à l'épreuve du battage qui sépare les parties butyreuses des caséeuses et des séreuses.

Remarquons ici en passant que ce moyen conseillé dans son calendrier du *Bon Cultivateur,* par Mathieu de Dombasle, qui en attribue la découverte aux cultivateurs Hollandais, est de temps immémorial employé en Bretagne et notamment à la Prévalée, dont le beurre a un si grand et si juste renom.

Dès lors, vous choisirez entre ces deux moyens de faire le beurre suivant le meilleur parti que vous pourrez tirer du résidu du lait ainsi privé de sa crème ; dans les pays où les fromages maigres ou *caillés* se vendent bien, on doit préférer le premier, et le second dans ceux où la *beurrée* ou lait de beurre est d'un débit facile et avantageux, car par cette seconde méthode, toute la crème étant séparée du lait, les fromages seraient d'une qualité tout à fait inférieure. Au reste, l'expérience et l'habitude du pays vous décideront plus facilement que tout ce que je pourrais vous dire à cet égard.

Je n'imiterai pas les auteurs de divers ouvrages d'agriculture en insérant ici, comme eux, un énorme *remplissage* dans mon livre, à l'occasion de la fabrication de toutes les espèces de fromages connues ou inconnues. Il en est de cette production comme de toutes les autres, elle a ses qualités locales, elle les emprunte à l'air, à l'eau, au climat et à la nature des végétaux dont se nourrissent les animaux producteurs. Non seulement il est impossible de faire des fromages de *Gruyère* et de *Brie* ailleurs qu'à *Gruyère* et en *Brie*, mais même dans toutes les parties de cette dernière localité, la qualité de ses fromages varie avec la nature du sol et des herbages, comme celle des grains, des veaux et de la laine : toujours les mêmes principes et les mêmes conséquences. On fait partout des fromages à la manière de Brie, mais partout aussi la pâte, la couleur même et par conséquent le goût en sont différents. Il est des cantons où il est impossible de faire pousser sur les fromages la moisissure bleue, caractère distinctif des fromages de Brie ; elle y est constamment jaune ou brune, et cela doit être ; les aliments producteurs de ces crypto-

games parasites variant suivant les lieux, ils doivent varier aussi dans leur forme et dans leur nature.

Ainsi vous ferez, non pas des fromages de *Brie,*
de *Chester,* ou de *Roquefort,* mais des fromages *de
votre pays;* vous les ferez aussi bons que possible,
et pour cela, moins vous écrèmerez votre lait et meilleurs ils seront, mais aussi plus ils vous coûteront.

Vous devrez, pour cette fabrication comme pour
toutes les autres productions de l'agriculture, étudier avec soin les circonstances locales et leur influence sur la matière soumise à la manipulation.
Suivant le climat et la nature du lait l'effet de la
présure varie et le travail de la matière caséeuse
se modifie; ce sera donc seulement par des tâtonne-
ments réitérés et des soins vigilants que vous parviendrez à faire de bons fromages dans votre localité, quelle qu'elle soit; mais bien certainement ils
n'auront aucune ressemblance avec ceux des autres pays, car les influences locales ne perdent jamais leur puissance et leurs droits; chaque contrée
agricole a ses produits propres comme chaque co-
teau son vin. On peut modifier ces productions

dans chaque canton en modifiant les éléments producteurs, mais il est impossible de rendre absolument semblables entre eux les produits de deux
cantons différents.

Le lait des mêmes vaches changera de nature
dans chacun des pays où elles seront transportées,
comme le raisin des mêmes ceps sur chaque sol où
on les transplantera. Ce sont là des lois immuables
et universelles qu'il n'est donné à personne d'en-
freindre ou de changer.

En règle générale, l'industrie du laitage est peu
profitable quand il n'est pas possible de vendre le
lait au moins quinze centimes le litre. En effet,
nous avons vu au commencement de cette lettre que
l'on s'accorde généralement à dire qu'il faut 100 kilogrammes de bon foin pour produire 40 litres de
lait qui, à quinze centimes font six francs, soit trente
francs les cent bottes ou 500 kilos de bon foin. Or,
ce prix n'est pas très élevé, et dans beaucoup de
localités on doit pouvoir trouver un meilleur débouché pour le bon foin. Mais si l'on applique ce
calcul à la production du beurre, on trouvera que
c'est un des pires moyens d'employer les fourrages,

car il faut au moins 100 kilos de bon foin pour produire un kilogramme et demi de beurre; dès lors, en évaluant le demi-kilo à un franc, prix moyen, le foin se trouve payé 15 fr. seulement les 500 kilos.

Ainsi, la meilleure manière de tirer parti d'une vacherie quand on ne peut vendre son lait en nature, c'est d'élever de jeunes animaux de belle race qui se vendent bien à un an ou deux. Excepté dans quelques localités privilégiées, convertir son lait en beurre et en fromage, est un pis aller toujours fâcheux et auquel on ne doit se résigner que lorsqu'on ne peut faire mieux. Il faut alors, dans toute exploitation rurale, considérer une vacherie, non plus comme un moyen de profit direct, mais comme une indispensable officine de cette matière précieuse qui est l'âme de l'exploitation, le fumier.

Le cultivateur intelligent et sage devra, dans ce cas, calculer ce que lui coûte ce genre d'engrais, et s'il lui revient trop cher, s'il peut s'en procurer à meilleur marché par d'autres moyens, il réduira sa vacherie au nombre strictement nécessaire pour subvenir aux besoins journaliers de son exploitation, en beurre et en laitage.

Enfin, pour terminer cette longue lettre, nous déduirons de tout ce qui a été dit ci-dessus cette conséquence naturelle que, la nourriture des vaches laitières doit varier suivant l'usage auquel on destine le lait. La nourriture verte donne plus de lait, mais il contient une moindre quantité de matière butyreuse que celui des vaches nourries de foin, de paille et de grains. On a reconnu, par des expériences suivies, que cette dernière espèce de nourriture augmentait la proportion de crème sans augmenter la quantité du lait, et cela est parfaitement conforme aux principes de l'assimilation organique, principes que je ne saurais trop vous rappeler sans cesse, car ils sont pour le voyageur dans la carrière agricole un guide fidèle et sûr, et jamais il ne pourra s'égarer s'il a soin de les consulter sans cesse et de suivre scrupuleusement leurs conseils.

Dans quelques pays de bons pâturages, les propriétaires de vaches mettent en commun le lait pour le convertir en fromage dans des officines construites à cet effet. Cet usage présente de grands avantages, entre autres celui de diminuer considérablement les frais et surtout de rendre possible à tous cette fabrication qui ne le serait qu'aux propriétaires de vacheries nombreuses. On a beaucoup préconisé cette méthode, et comme on ne sait pas s'arrêter sur la voie du progrès, on l'a conseillée en tous lieux, sans réfléchir qu'elle est praticable là seulement où les populations agricoles sont agglomérées ou du moins là où les vaches sont réunies dans des pâturages communs. Il faut aussi, pour que cette spéculation soit profitable, que les vaches donnent assez de lait pour suffire en outre à tous les besoins des populations, en beurre et en laitage.

Elle est, par conséquent, impraticable partout où les fermes sont isolées et où les vaches, donnant peu de lait, suffisent à peine à fournir le beurre et le laitage nécessaires à la consommation locale et à l'élève des veaux, c'est-à-dire dans les trois quarts peut-être de la France.

Encore un rêve de ces agronomes utopistes qui veulent à toute force mettre en tout et partout la charrue devant les bœufs. Avant de créer en tous lieux des manufactures de fromages, attendez au moins que dans toutes les fermes on ait assez de lait pour pouvoir en mettre tous les jours un verre ou deux dans la soupe aux légumes en guise de beurre et en place d'huile de noix ou de graisse rance!!

XIVe Lettre.

MALADIE DES BÊTES BOVINES.

*A Monsieur ***.*

Pas plus que pour la fabrication des fromages, mon intention n'est pas d'imiter les auteurs d'un grand nombre de recueils ou de livres agronomiques qui, pour augmenter leur volume, sur lequel sans doute ils pensent qu'on mesurera leur importance et leur mérite, entrent dans des détails circonstanciés sur les maladies des bestiaux et sur les remèdes à leur opposer. Quand la science vétérinaire, cet art plus difficile que la médecine humaine, est souvent en défaut pour connaître ces maladies et ne sait comment les guérir, est-il possible que la simple lecture d'un chapitre sur ce sujet nous apprenne a les distinguer, et à les traiter avec succès. Il faut bien le dire hautement, car je veux, avant tout, être sincère et vrai ; ce charlatanisme de la presse agricole n'est pas seulement ridicule, il est encore danger eux, car il tend à entraîner de crédules lecteurs dans de funestes et irréparables erreurs.

Quand vos bêtes bovines seront malades, gardez-vous donc bien d'avoir recours aux recettes de vos livres, mais appelez au plus tôt le médecin, non pas un de ces empiriques de campagne, qui n'ont pour tous les maux qu'un remède, véritable selle à tous chevaux ; mais qui, du reste, pour être conséquents avec eux-mêmes, ne connaissent aussi qu'une seule maladie. Dans certains pays, c'est la *peste*, toujours la *peste* ; dans d'autres la *pommelière*, rien que la *pommelière*, etc., etc. Presque tous emploient les incisions, les saignées locales, ce qu'ils appellent *brocher*, et les *breuvages* dans lesquels entre ordinairement une bouteille de vin vieux, blanc ou rouge, dont l'empirique avale habituellement les trois quarts en cachette, ce qui fait beaucoup de bien a l'animal. Puis, quand ils l'ont bien *broché*, saigné et abreuvé, ils disent qu'il n'y a plus rien à faire, et l'animal crève ou s'en tire comme il peut, cela ne les regarde plus.

Gardez-vous donc de ces hommes comme de la peste qu'ils prétendent guérir, et faites venir un vétérinaire instruit le plus tôt qu'il sera possible ; car, sur les animaux surtout, les maladies qui trainent en longueur sont ordinairement mortelles ; il faut les arrêter au début, *principiis obsta*.

Vous trouverez, dans tous les livres de médecine vétérinaire, de sages conseils pour prévenir les maladies contagieuses endémiques et les épizooties qui souvent désolent et dévastent des contrées entières ; je vous engage à vous procurer ces utiles ouvrages ; mais, dans tous les cas, une grande propreté, les fumigations d'herbes aromatiques, un régime tonique et sain, et surtout l'isolement complet, non seulement des autres animaux suspects ou non, mais aussi des hommes et des chiens qui viennent des lieux où règne la maladie, sont des moyens hygiéniques très utiles et dont l'emploi est souvent couronné d'un plein succès.

Quand ces épizooties tiennent à des circonstances atmosphériques ou à des causes générales à toute une localité, comme à des pluies continuelles, à une sécheresse trop prolongée ou à la mauvaise qualité des fourrages, alors les moyens préservatifs ci-dessus indiqués ne peuvent plus suffire; il faut aller au devant du mal et prévenir son invasion par les moyens curatifs qu'on lui oppose quand il est déclaré. C'est là un moyen rationnel dont je me suis toujours bien trouvé et dont je vous recommande vivement l'imitation. Traiter les animaux menacés d'un mal comme s'ils en étaient attaqués est une règle d'hygiène dont l'effet est sûr, et j'ai eu plus d'une fois à m'applaudir d'en avoir eu la pensée et de l'avoir mise à exécution. C'est surtout aux maladies des bestiaux qu'il faut appliquer cet adage dont l'expérience démontre la sagesse : *il est plus aisé de prévenir le mal que de le guérir.*

S'il est toujours sage et prudent d'avoir recours aux médecins vétérinaires pour les maladies des bestiaux, il en est cependant pour lesquelles on peut ou l'on doit savoir se passer d'eux. Ainsi, il est fort inutile de les appeler pour traiter cette affection si commune dans les pays pauvres, et dont le principal symptôme est la peau fortement collée sur les côtes. Quand vous verrez une de vos bêtes bovines dans cet état, vous devrez penser qu'elle souffre, soit d'un mauvais régime, soit par excès de fatigue, soit par toute autre cause ; vous devrez donc lui faire donner du repos et une meilleure nourriture, du vert si c'est au printemps, de l'eau blanche si c'est en hiver, et surtout lui faire passer au fanon un séton, ou, ce qui vaut mieux encore, y faire mettre un cautère volant, ce qui s'exécute en fendant le fanon longitudinalement avec un canif dans le bas, et en introduisant dans cette fente de la longueur de cinq à six centimètres environ, un morceau d'*ellébore noir*, appelé en bien des lieux *herbe aux vaches*, et que l'on trouve presque partout ; cette opération suffit et l'on n'a pas à s'en occuper ultérieurement ; l'ellébore occasionne une enflure considérable qui se dissipe ensuite peu à peu, et l'animal guérit ordinairement très promptement par ce moyen aussi simple qu'efficace.

Il est une autre indisposition assez commune et souvent fort dangereuse qu'il faut aussi savoir guérir soi-même, car on n'a pas le temps d'envoyer chercher le vétérinaire tant les effets en sont terribles et prompts si on n'y porte pas remède sans aucun retard. Je veux parler de la *tympanite* ou météorisation, c'est-à-dire du gonflement de la panse par les gaz qui s'y dégagent, gonflement qui, s'il n'est pas diminué ou arrêté à temps, amène la rupture de l'estomac et la mort instantanée de l'animal.

On ne connaît pas bien encore les causes déterminantes de cette dangereuse affection, qui se déclare surtout quand les bêtes pâturent en liberté des prairies artificielles ou d'autres plantes encore tendres.

Il est des jours où elle éclate plus facilement et plus fortement que les autres ; dans certains cantons, elle est presque inconnue ; dans d'autres, au contraire, les bêtes ne peuvent pas mettre le pied dans une prairie artificielle sans que leur panse ne se ballonne aussitôt.

Les paysans l'attribuent au vent qui règne, d'autres au plâtre dont on amende les prairies.

En observant ces différences évidentes dans l'effet du pâturage des prairies artificielles, selon les jours et suivant les localités, en remarquant que les

ruminants dans l'état sauvage et les bœufs qui paissent jour et nuit en liberté dans les pâtures n'y
sont pas sujets ; on est porté naturellement à croire
que cette maladie est occasionnée, dans les troupeaux de nos exploitations, par des causes inconnues dont la recherche mérite toute l'attention des
hommes qui s'occupent d'économie rurale ; car une
fois la cause trouvée et reconnue, il serait sans
doute facile de la détruire ou du moins de l'atténuer.

Ce gonflement de la panse étant occasionné par le
dégagement excessif des gaz contenus dans les substances absorbées, il faut rechercher la cause de la
formation extraordinaire et accidentelle de ces gaz.
Pourquoi a-t-elle lieu plutôt tel jour que tel autre,
pourquoi plutôt dans tel champ que dans tel autre,
pourquoi les ruminants à l'état sauvage n'en sont-
ils pas atteints bien qu'ils paissent dans des prairies artificielles ou dans des herbes tendres? Voilà
les questions qu'il faudrait résoudre. A la dernière
on pourrait répondre peut-être que, l'instinct de la
conservation les avertit quand il est temps de s'arrêter, tandis que chez les animaux de nos basses-

cours, la domesticité a, sinon entièrement éteint, du moins fortement émoussé cet instinct comme tous les autres.

En attendant que les progrès de la science nous aient fait connaître la véritable cause de cette maladie, et par conséquent les moyens de s'opposer en tous lieux et en tout temps à son invasion, nous devons nous borner à la détruire promptement aussitôt qu'elle a paru. Il existe beaucoup de moyens faciles et efficaces pour atteindre ce but : d'abord il faut recommander fortement aux gardiens des troupeaux de les surveiller avec attention et de les ramener promptement à la ferme aussitôt qu'ils s'aperçoivent de son invasion sur un ou plusieurs animaux, invasion qui s'annonce par le gonflement, principalement du côté gauche, du creux existant entre la pointe de la hanche et les premières côtes. Aussitôt que les animaux sont rendus à la ferme, il faut s'opposer à ce qu'ils boivent et les faire rentrer à l'écurie, dont on supprime les courants d'air. Si le gonflement ne fait pas de progrès, on les laisse en repos en se contentant de les surveiller. S'il augmente, si la panse, fortement tendue, résonne comme un ballon, si l'animal se tourmente et se plaint, il est temps d'employer les injections alcalines qui font dans la panse, sur les gaz qui la remplissent, le même effet que fait l'eau froide sur la vapeur dans les chaudières où elle est comprimée. Ces alcalis condensent les gaz qui retombent à l'état de sel, et l'animal est aussitôt soulagé. On emploie le plus communément, pour cet usage, les médicaments suivants :

Une once de salpêtre en poudre, délayé dans un verre d'eau-de-vie;

Une cuillerée à bouche d'ammoniaque liquide (esprit de sel ammoniac), dans une bouteille d'eau.

Si ce breuvage est impuissant, si le gonflement persiste et augmente, si l'animal fortement tourmenté regarde son flanc et pousse de longs gémissements, il faut recourir au grand remède de la ponction de la panse au moyen d'un trocar, ou à défaut, d'un couteau qu'on y enfonce fortement au point dont nous parlions ci-dessus, entre la hanche et les côtes du côté gauche. Dès que le fer pénètre dans l'estomac, les gaz s'en dégagent avec force par l'ouverture pratiquée, entraînant avec eux l'eau et les aliments contenus dans la panse. L'animal est instantanément soulagé, et en le tenant quelques jours à la diète, la plaie de l'estomac se rebouche promptement, et cette opération a rarement des suites fâcheuses.

Pour toutes les autres indispositions, il faut, je le répète, appeler sans hésiter un bon vétérinaire aussitôt que les premiers symptômes se déclarent, car les maladies des bêtes à cornes sont presque toujours mortelles quand on n'oppose pas des remèdes héroïques à leur invasion.

XVe Lettre.

ÉDUCATION DES BÊTES OVINES.

A Monsieur ***,

Le mouton est un des plus précieux animaux que l'homme agricole ait soumis à la domesticité. Il vit les trois quarts de l'année en arrachant au sol une immense quantité d'herbes que ni la faulx, ni la dent des chevaux ou des vaches ne pourrait atteindre; il donne une chair excellente pour la nourriture des hommes; aucune matière connue ne pourrait suppléer sa laine pour leur habillement et pour beaucoup d'autres usages domestiques; enfin son fumier est le meilleur de tous, et par la facilité avec laquelle on le parque sur les terres, il rend d'immenses services à l'agriculture.

C'est surtout dans les pays de pauvre culture que tous ces avantages sont inappréciables, et il existe en France bien des millions d'hectares de terres incultes dont le produit serait tout à fait nul sans les moutons, qui seuls peuvent tirer quelque chose de ces sols abandonnés à leur triste stérilité par l'impuissance de l'homme.

Malgré toutes ces éminentes qualités agricoles, le mouton disparaît devant l'agriculture arrivée à sa perfection, et cela doit être, car avec elle il perd le plus grand de ses avantages, celui d'être le seul moyen de tirer parti des terres incultes ou en jachère ; et comme il n'est pas possible de le nourrir toute l'année à la bergerie, on lui préfère l'éducation et l'engraissement des bêtes à cornes dans les cultures riches où la terre est toujours occupée.

Tout ce que je vous ai dit relativement à l'éducation des chevaux et des bêtes bovines s'applique à celle des moutons, dont le type primitivement unique aussi a également varié sous l'influence diverse des climats et des éléments producteurs.

Ces différences sont plus sensibles encore dans le genre mouton que dans les deux autres, car elles

se manifestent non seulement par la taille, les formes
et la qualité de la chair, mais encore et surtout par
celle de la laine, qui est aussi un être organique se
formant par *l'assimilation* et qui par conséquent
participe d'une manière directe et très marquée
de la nature des aliments.

On ne peut changer la taille, les formes et surtout la laine des moutons d'une localité qu'en
changeant d'abord la nature de leurs aliments.
C'est donc toujours une grande faute d'introduire
une race riche dans un pays pauvre avant d'avoir
amélioré sa culture, et vous devrez encore à ce
sujet vous mettre en garde contre la tentation des
séduisantes merveilles agricoles produites, au dire
des anglomanes, par les moutons anglais à longue
laine; l'empire des mérinos passe, et celui des Dis-
ley et consorts commence; c'est-à-dire que l'on va
renouveler pour les moutons anglais toutes les fo-
lies qui amenèrent tant de mécomptes à l'époque
de la mode des mérinos qu'on voulait introduire en
tous lieux, quand même.

Le moyen le plus sage et le plus sûr, celui que
je vous conseille, par conséquent, c'est d'améliorer

en même temps l'agriculture et les moutons ; c'est-
à-dire de perfectionner vos races par des croisements étrangers, lentement et à mesure que, par le
perfectionnement de vos produits agricoles, vous
pourrez leur fournir une nourriture en rapport
avec leurs besoins, toujours d'autant plus grands,
qu'elles se rapprochent plus de la perfection. L'oubli de cette règle si naturelle et si sage a causé bien
des mécomptes et bien des pertes en agriculture.

Au point où en sont venues les choses aujour-
d'hui par la dépréciation continue du prix des laines,
le fumier est souvent le produit le plus clair et le
plus net que l'on retire d'une bergerie. Vous devrez
donc examiner avec soin s'il n'y aurait pas plus d'a-
vantages pour vous à élever et nourrir une race indigène, sobre, rustique, et par conséquent à grosse
laine, plutôt qu'une race à laine fine, mais délicate,
difficile sur la nourriture et par suite rebelle à l'engraissement.

Je crois que dans la plupart des cas le véritable avantage est du côté des races à grosses laines,
surtout dans les pays où l'excellente coutume du
parcage est en vigueur.

Au reste, l'expérience basée sur une comptabilité régulière peut seule résoudre péremptoirement cette importante question dont je ne saurais trop vous recommander l'attentif examen.

Suivant la nature de votre sol, vous aurez à choisir entre l'éducation habituelle des bêtes à laine ou seulement leur séjour temporaire dans la ferme.

Dans les cantons calcaires et sablonneux, ayant des pacages secs et fermes en tout temps, vous pourrez vous livrer avec avantage à l'éducation des agneaux, et alors vous vendrez chaque année une quantité de vieilles bêtes, brebis ou moutons, égale à celle des agneaux que vous aurez élevés. Dans les pays gras et mous, où les chemins sont impraticables l'hiver, et les terres mouillées et fangeuses, vous devrez préférer avoir des moutons pour la belle saison seulement. Alors vous les achèterez au printemps et les revendrez à l'automne après les avoir tondus.

Cette méthode est dans beaucoup de pays plus avantageuse que celle des bergeries permanentes, mais elle demande plus de soins, plus d'aptitude, et donne de bien plus grands embarras par ces achats et ces ventes souvent renouvelés.

Si vous avez un troupeau permanent et que vous sentiez le besoin d'améliorer votre race, vous suivrez exactement pour cette amélioration les principes que nous avons ci-dessus appliqués à celle des chevaux et des bêtes à cornes. Seulement vous remarquerez qu'il existe une différence radicale entre les moyens d'amélioration de la laine et ceux de l'augmentation de la taille.

La taille d'une race locale peut s'augmenter sur elle-même, dans le même lieu et avec les mêmes éléments producteurs, c'est-à-dire, qu'avec des meilleurs aliments on peut partout grandir les races, et porter peu à peu la taille des plus petites à la hauteur de celle des plus grands moutons Flamands; il ne faut pour cela que du temps et une nourriture abondante et succulente. Mais il est impossible d'améliorer sur elle-même, dans le même lieu et avec les mêmes éléments producteurs, la qualité de la laine d'une race locale sans la croiser avec une race à laine plus fine; et cela se conçoit aisément: la taille, c'est-à-dire la plus grande quantité de chair et d'os, ou de matière organique animale, étant le produit direct de l'assimilation de la matière végétale, peut se créer partout en fournissant à l'animal une plus grande quantité de substances possédant la même puissance nutritive; il n'en est pas ainsi de la finesse de la laine, qualité qui, tenant à des propriétés particulières à certains sols, ainsi que je l'ai déjà expliqué dans la *Physiologie de la Terre*, ne peut se produire que sous l'influence spéciale de ces causes locales.

C'est à la nature exceptionnelle du sol et des aliments qu'il fournit aux animaux et aux plantes qu'est due la finesse et la qualité organique réellement supérieure des grains, de la laine et du lait. Ainsi que je l'ai déjà fait remarquer, dans les sols gras et fortement fumés, où la paille est abondante et grosse, le blé est moins blanc et plus vitreux, en un mot, il a moins de *finesse*; de même l'abondance de la nourriture grossit la laine en même temps qu'elle augmente la taille et le poids des animaux; cela doit être puisque la laine est une *végétation animale qui se forme et se nourrit comme la végétation terrestre* (PHYSIOLOGIE DE LA TERRE).

Plus un fonds de bois est gras et plantureux, plus le taillis y est abondant et gros : plus les moutons sont forts et bien nourris, plus leur laine doit être grosse et longue.

Ainsi, si vous voulez augmenter seulement la taille de vos moutons, il vous suffira de nourrir abondamment vos agneaux, et dans quelques années vous aurez des moutons beaucoup plus grands et donnant beaucoup plus de laine tout en conservant la rusticité et tous les autres avantages de l'acclimatation ; toutefois. vous pourrez hâter utilement ce résultat en croisant vos brebis avec des béliers d'une espèce plus grande, mais autant que possible provenant d'un pays semblable au vôtre.

Si vous croyez au contraire devoir seulement améliorer la qualité de la laine, vous aurez alors recours à des croisements espagnols ou anglais, suivant la nature de votre climat, de votre sol et l'état de votre agriculture, en prenant pour guide dans ce choix cette règle générale et immuable *que plus la laine est précieuse, plus l'animal est délicat, difficile et coûteux à nourrir ;* et par une conséquence inévitable de la proposition ci-dessus établie, plus

la race locale sera grande et sa laine grossière,
plus la finesse qu'on lui aura imposée tendra à disparaître promptement et demandera, pour se
maintenir. le renouvellement, souvent réitéré, des
croisements étrangers.

Voilà pourquoi dans tant de pays on n'a jamais
pu obtenir dans la race mérine une finesse de laine
égale à celle de beaucoup d'autres; et il ne faut pas
chercher ailleurs la cause de la supériorité de quelques troupeaux privilégiés, supériorité dont on a fait
honneur à l'intelligence et à la sagacité de leurs
propriétaires, et qui sans doute était due surtout à
des influences locales indépendantes de la volonté
et de la puissance de l'homme.

Si vous élévez des agneaux vous devrez faire en
sorte qu'ils naissent tous à peu près à la même époque, c'est-à-dire dans le délai de deux mois au
plus. Généralement ceux qui naissent en décembre
et janvier, époque ordinaire de l'agnèlement, réussissent mieux que les autres, ce qui paraît difficile à expliquer, car au mois d'avril et de mai les
brebis trouvant une nourriture plus abondante devraient mieux nourrir leurs agneaux, et cependant

plusieurs expériences faites à ma connaissance pour retarder jusqu'à cette époque la naissance des agneaux ont complétement trompé l'espérance des cultivateurs. Toujours, avec des soins égaux, les agneaux d'hiver ont été plus forts que ceux de printemps.

Explique ce fait qui pourra. Cependant je ne regarde pas la question comme jugée définitivement et sans appel, et je vous engagerai à faire quelques essais à cet égard, car tous les principes militent en faveur de la naissance au printemps.

Vous aurez soin surtout de ne pas imiter aveuglément la coutume de tous les pays de pauvre culture, où les brebis sont étouffées l'hiver dans leurs bergeries hermétiquement closes; c'est au point que l'on ne peut y entrer sans être suffoqué par une vapeur ammoniacale qui vous prend à la gorge et aux yeux. J'ai bien entendu quelques praticiens, plus éclairés que le commun des cultivateurs de ces misérables contrées, soutenir que non seulement cette clôture absolue n'était pas dangereuse pour la santé des animaux, mais qu'elle avait même un avantage précieux pour les exploitations de ces pays où le fourrage est rare et cher, celui de diminuer leur appétit ou plutôt leur besoin de nourriture pour s'entretenir en bon état.

Cette assertion vraie pour l'engraissement, mérite d'être prise en considération pour l'entretien ordinaire des animaux ; car il est certain que les aliments ne servent pas seulement à former la chair le sang et les autres substances organiques, ils servent aussi à entretenir la chaleur vitale : voilà pourquoi tous les animaux mangent plus l'hiver que l'été quand ils vont au grand air. Ainsi, sans imiter absolument cette méthode de clôture hermétique, je vous engage à vous tenir dans un juste milieu entre elle et la pratique contraire, qui consiste à aérer beaucoup les bergeries ou même à tenir, comme quelques-uns le conseillent, les troupeaux sous des hangars ouverts à tous les vents.

Vous entretiendrez donc dans vos bergeries une température assez élevée et toujours aussi égale que possible, seulement, quand il fera humide ou froid, il faudra faire donner de l'air une heure avant la sortie afin d'éviter les rhumes dangereux si fréquents dans les pays où les bêtes sont tenues dans des espèces d'étuves d'où on les laisse sortir pendant les grands froids sans prendre aucune précaution pour les préserver des graves inconvénients de ce changement subit de température.

Si votre pays ne convient pas pour l'élève des agneaux et si vous avez seulement des troupeaux temporaires, vous aurez soin d'acheter toujours des moutons provenant d'un pays plus maigre et moins bien cultivé que le vôtre. Je vous ai dit pourquoi à l'occasion de l'engraissement des bœufs et je ne saurais trop vous recommander la rigoureuse observance de cette règle capitale.

Si vous les achetez au mois d'avril ou de mai, pour les revendre en septembre ou octobre, vous devrez les faire tondre le plus tôt qu'il sera possible ; en agissant ainsi vous gagnerez plus à la revente par l'avantage que leur donne une laine alors plus longue, que vous ne perdrez par le déficit de la laine résultant d'une tonte prématurée, car la laine comme toutes les autres végétations pousse d'autant moins rapidement qu'elle se rapproche plus du terme de sa croissance.

Quant à l'âge de ces moutons de passage, il devra varier suivant le but que vous vous proposez en les achetant.

Si vous voulez les revendre pour l'*hyvernage*, il faudra les choisir jeunes et de manière à ce qu'ils achèvent leur croissance entre vos mains, vous les revendrez alors avec plus d'avantage. Si, au contraire, vous voulez les engraisser vous les acheterez ayant pris toute leur taille, mais pas trop vieux, car alors ils s'engraisseraient plus difficilement.

Quatre à cinq ans paraît être l'âge le plus favorable au développement de la pléthore graisseuse ; mais cependant cette époque peut varier suivant l'espèce et le pays, et je vous engage encore à consulter à cet égard l'expérience, ce grand maître, surtout en agriculture.

Le fumier de mouton étant le plus précieux, puisqu'il contient une quantité d'ammoniaque (acide azotique), beaucoup plus considérable que tous les autres fumiers de ferme, vous devrez apporter le plus grand soin à son augmentation et à sa conservation.

La litière doit être suffisante pour absorber complétement toutes les sécrétions liquides, et pour que sa surface soit toujours sèche et propre afin de conserver la qualité de laine : il n'est pas nécessaire de vider souvent les bergeries, cependant il ne faut pas retarder assez l'enlèvement du fumier pour que la couche inférieure ait déjà subi un commencement de fermentation qui la réduit en poussière et en diminue la quantité et surtout la qualité par l'exhalation des gazs les plus précieux.

Si vous avez des troupeaux d'hiver, vous aurez soin de joindre aux fourrages secs des racines, telles que les pommes de terre, les raves ou navets et les betteraves.

Cette nourriture verte leur plaît beaucoup et les entretient en bonne santé, surtout les brebis nourrices, dont elle augmente le lait. Les agneaux même en mangent avec plaisir, et ce supplément de nourriture favorise efficacement leur développement à l'époque la plus importante de la vie, celle qui a le plus d'influence sur la constitution générale des animaux.

A l'article des bâtiments ruraux je vous ai conseillé la construction de petites auges attenant au

ràtelier, et destinées à la consommation de ces racines coupées en morceaux avec un instrument fait
pour cet usage et qui se vend dans les fabriques
d'instruments aratoires, sous le nom de *coupe-ra-
cines*. On peut le suppléer très bien dans une petite exploitation par un couteau fait en forme de S,
ou tout simplement par une pelle en fer, avec lesquels on hache les racines dans une auge de bois
épais et dur.

XVI° Lettre.

ENGRAISSEMENT DES MOUTONS.

A Monsieur ***,

On engraisse les moutons de deux manières, comme les bœufs, à l'herbe ou à l'étable.

Tous les principes généraux posés pour l'engraissement des premiers, s'appliquent à celui des seconds.

Nourriture abondante et variée, donnée peu à la fois et souvent et dont la puissance nutritive devra aller toujours en augmentant; grande propreté dans les augets, température élevée, silence et tranquillité dans les bergeries, sachets ou gâteaux de sel que les animaux lèchent, préférables au sel mélangé aux aliments.

Si vous engraissez à l'herbe. les moyens et les méthodes changent avec les pays. Dans certaines localités les moutons s'engraissent pendant le temps du parcage et par le simple parcours ordinaire pendant le jour. Dans d'autres on est obligé de les mener paître l'herbe à la rosée le matin et le soir. Dans d'autres, enfin, ils passent même toute la nuit au pacage et le jour à la bergerie.

Vous devrez d'abord suivre à cet égard la coutume locale, car ordinairement elle est basée sur l'expérience, et l'homme sage ne doit jamais méconnaître de tels enseignements, ce qu'il peut et doit faire c'est de s'assurer par des essais tentés sur une petite échelle, s'il n'est pas possible d'améliorer ces coutumes locales en les modifiant ou en aidant leurs effets.

Un mouton n'engraisse pas deux fois, disent les bergers.

Ce qui signifie que la pléthore graisseuse est mortelle pour eux. et que si l'on ne les envoie pas à la boucherie quand ils ont atteint cet excessif embonpoint. ils succomberont sans doute bientôt à des affections morbides qui en seront la suite.

Cette assertion, contestable peut-être pour l'engraissement à la bergerie ou à l'herbe non mouillée, est très vraie pour l'engraissement à la rosée. Les bêtes à laine contractent par ce genre de pâturage une maladie toujours mortelle, connue sous le nom de *pourriture* ou *cachexie aqueuse*.

Aussi, quand vous aurez engraissé vos moutons de cette manière, vous devrez vous en défaire à tout prix à l'automne, car à la fin du printemps il ne vous en resterait plus que les peaux. Il paraît cependant qu'il est des localités privilégiées où il est impossible de faire *pourrir* les moutons, même en les envoyant paître à la rosée, mais elles sont rares, et je vous engage à ne jamais vous fier à cette propriété douteuse attribuée à certains cantons. Aussitôt qu'ils seront gras, vendez vos moutons, ou vous pourriez bien plus tard ne pas en être le bon marchand.

Le genre de bêtes mises à l'engrais varie suivant les lieux et les époques. Dans les troupeaux permanents on engraisse les bêtes reformées chaque année pour faire place aux agneaux nouveaux venus.

Dans d'autres on achète des moutons pour parquer et on les engraisse pendant le temps du parcage ; mais il faut pour cela des herbes abondantes et grasses. Enfin, dans d'autres on achète des vieilles brebis, soit au commencement de l'hiver pour en tirer un agneau et les engraisser à la belle saison, soit au printemps pour les engraisser pendant l'été; on les revend, les unes et les autres au mois d'août et de septembre. C'est souvent une très bonne spéculation que je vous engage à ne pas négliger.

En règle générale l'engraissement à l'herbe est plus profitable que celui de la bergerie.

Celui-ci peut l'être beaucoup cependant, quand il est fait avec intelligence, et surtout quand on sait faire coïncider le moment de vendre avec l'époque où la viande de mouton est rare et recherchée, comme cela arrive dans certains pays.

Je vous engage à ne jamais perdre de vue ces utiles observations dans toutes vos opérations agricoles.

Il faut toujours, autant que possible, prendre ses arrangements pour acheter bon marché et vendre cher. Cette grande différence dans les prix se renouvelle ordinairement chaque année à des époques fixes dans tous les pays. Ainsi, dans le Berry les moutons gras se paient ordinairement, en février, mars et avril, le double de ce qu'on les vendrait en août et septembre.

C'est dans l'engraissement surtout que se manifeste avec plus de puissance l'influence de la finesse de la laine sur le phénomène de l'assimilation organique.

Plus la laine est fine et serrée, plus l'animal engraisse difficilement, et cela se conçoit sans peine.

La laine est la partie la plus parfaite de l'organisme de l'animal, car elle est une matière dense, élastique, résistante et presque incorruptible. Elle demande donc pour sa formation des éléments producteurs de première qualité, et comme sa croissance est en rapport avec l'abondance de nourriture donnée, on comprend qu'il faut une bien plus grande quantité des mêmes aliments pour amener au même point d'embonpoint un mouton mérinos dont la toison pèse 3 ou 4 kilogrammes, qu'un mouton Solognot qui donne à peine un kilogramme de laine.

Non seulement la nature dépense beaucoup plus de substances organiques pour produire un kilogramme de matière laineuse que plusieurs kilogrammes de chair et de graisse, mais on peut encore raisonnablement penser que, plus la laine est fine et par conséquent plus elle se rapproche de la perfection, plus elle s'approprie au détriment du reste de la machine, les sucs les plus parfaits, les plus essentiels contenus dans les aliments, sucs particulièrement propres, comme nous l'avons vu, à la formation de la substance graisseuse.

Ainsi, plus un animal produit de laine et surtout de laine fine, et moins il produira de graisse proportionnellement à la quantité d'aliments absorbés, et l'on ne pourra pas même toujours rétablir l'équilibre par une plus grande quantité d'aliments très riches en sucs essentiels, car cette laine fine et serrée étant une espèce de superfétation contre nature, il peut se rencontrer des cas où l'énergie de l'estomac ne suffirait pas, malgré la bonne qualité des aliments, pour la produire en même temps que les substances graisseuses nécessaires pour amener l'animal à l'état d'embonpoint désirable, d'autant plus que dans ce travail la nature donne toujours la préférence à la laine, qui est encore plus utile à l'animal que la graisse.

La matière laineuse ayant le pas sur la matière grasse, pour produire ainsi la laine en quantité et en qualité supérieure à celles attribuées à l'animal par la nature, il faut des efforts et une dépense de substances organiques auxquels suffit à peine la puissance des fonctions digestives de l'estomac qui, par conséquent, ne peut presque plus rien fournir à la machine pour la formation de la substance graisseuse.

Voilà pourquoi les *mérinos* sont si difficiles à engraisser, et pourquoi malgré l'abondante et riche toison produite pendant l'engraissement, on est presque toujours en perte avec eux dans cette dangereuse spéculation ?

Dès lors, quand vous acheterez des moutons pour l'engraissement, vous devrez toujours préférer les races à grosse laine, et surtout celles venant d'un pays plus maigre et plus mal cultivé que le vôtre.

Ces animaux rustiques et sobres, mis dans de bons pacages ou bien nourris à la bergerie, feront des prodiges et vous rendront avec usure le prix des denrées que vous leur aurez prêtées.

XVIIe Lettre.

MALADIES DES BÊTES OVINES.

A Monsieur ***,

Les bêtes à laine sont sujettes à plusieurs maladies contagieuses ou épidémiques ; c'est-à-dire attaquant, soit en même temps, soit successivement, presque toutes les bêtes d'un troupeau. Pour leur traitement, je ne vous renverrai pas tout simplement aux vétérinaires, comme je l'ai fait pour celles des bêtes à cornes, parce qu'il existe entre elles une grande différence.

En général, les causes des maladies des bêtes à cornes sont peu connues, et la science vétérinaire peut seule les deviner en appréciant leurs différents symptômes. Les affections ordinaires des bêtes à laine sont au contraire faciles à connaître, car elles sont presque toujours les mêmes, et si, quand la maladie sévit avec force, il est prudent et sage d'appeler les secours des praticiens instruits, la plupart du temps les cultivateurs peuvent, avec des soins attentifs, les prévenir d'abord et ensuite en diminuer ou même en arrêter entièrement les ravages.

Je vais donc entrer avec vous dans quelques détails sur ces maladies et sur leurs causes les plus ordinaires, et vous indiquer les meilleurs moyens de s'opposer à leur invasion et de les guérir quand, malgré ces précautions, vos troupeaux en seront atteints.

Ces maladies, dont le traitement rentre dans le domaine de la pratique agricole, sont au nombre de six : le *tournis*, la *gale*, le *claveau*, la *maladie du sang*, la *cachexie aqueuse* ou *pourriture*, et le *piétin*.

La première, le *tournis*, attaque principalement les agneaux jusqu'à l'âge d'un an. Dans certains pays, elle fait de grands ravages. Les animaux qui en sont atteints tournent sur eux-mêmes toujours du même côté, et sont comme frappés d'imbécillité. Cette affection paraît être le résultat de la présence d'une hydatide vésiculaire dans un des côtés du cerveau, celui où tourne l'animal. On a indiqué bien des remèdes dont la plupart sont sans vertu ; car généralement on abandonne à eux-mêmes, dans les fermes, les agneaux qui en sont atteints, et on les laisse mourir de leur *belle mort*, comme on dit ; car les bergers qui sont, comme vous le savez, la superstition incarnée, prétendent que de les tuer cela porte *différents malheurs* dont il est fort inutile de donner la nomenclature.

Le meilleur remède, celui qui paraît avoir eu constamment les résultats les plus avantageux et que d'ailleurs sa simplicité et la facilité mettent à la portée de tout le monde, consiste dans l'application d'un fer rouge *sur les sinus frontaux, entre les deux yeux*. Ce fer, emmanché dans une poignée de bois, se termine du côté opposé par un N saillant dont les jambages ont un peu moins de deux centimètres (six lignes) de hauteur, et un peu plus de deux millimètres (une ligne) de surface. La température convenable est celle où le fer, appliqué pendant deux secondes sur une carte, la charbonne sans la perforer ; dans cet état, il peut servir pour trois agneaux, la première application durant deux secondes, la deuxième trois secondes en appuyant un peu plus, et la troisième cinq secondes en appuyant plus encore. Dans tous les cas, il faut que le fer soit assez chaud pour déterminer une véritable brûlure, et que l'opération soit faite franchement et sans crainte de faire souffrir l'animal, ou sans cela elle serait inefficace.

On a soin de raser la place avant l'opération ; on applique le fer sans crainte sur le front de l'agneau dont un homme tient fortement la tête, puis on rafraîchit aussitôt la plaie avec une éponge imbibée d'eau froide.

La seconde, la *gale,* est très diversement considérée suivant les pays, parce que ses effets y sont aussi très différents. Dans certaines localités, celles où l'agriculture est perfectionnée, elle est peu connue et l'on y fait à peine attention, car il est bien facile de s'opposer à son invasion et à ses progrès. Dans les cantons de pauvre culture, au contraire, elle est un objet de terreur et ses ravages y sont quelquefois effrayants.

Cette différence est facile à expliquer : la gale étant due à l'invasion d'un insecte parasite, et les parasites s'attaquant surtout avec succès aux animaux faibles et d'une constitution lymphatique, on comprend que dans les pays de pauvre culture leur invasion doit être facile et prompte et leurs ravages terribles. Dans les bons pays, au contraire, où les bêtes bien nourries sont fortes et vivaces, les parasites rencontrent bien plus d'obstacles dans cette vigueur, et il suffit d'un peu de soin pour prévenir leur invasion quand la tentative s'est manifestée, ce qui a lieu ordinairement par contagion ou par suite d'un mauvais régime.

On s'aperçoit de cette tentative quand on remarque sur les animaux quelques mèches de laine à demi arrachées et dépassant le reste de la toison, il faut alors saisir l'animal, et en achevant d'arracher ces mèches, on découvre au dessous une petite tumeur rouge ; on la fend avec la pointe d'un canif et on la frotte avec un peu de pommade , contre la gale, que l'on trouve chez les pharmaciens ou que l'on prépare soi-même en mêlant une partie d'huile essentielle de térébenthine à quatre parties de suif ou de graisse de porc. Ce moyen, s'il est employé avec exactitude et intelligence, suffit pour empêcher l'invasion de la gale dans les troupeaux bien portants et bien nourris.

Sur les animaux faibles et mal nourris, il n'est pas toujours suffisant, et alors il faut recourir aux bains généraux dans une eau préparée à cet effet. Comme il entre ordinairement des substances dangereuses dans la préparation de ce bain, je vous conseillerai, dans ce cas, d'appeler un vétérinaire pour éviter des accidents souvent très graves. Mais si votre troupeau est en bon état, il vous suffira de tenir la main à la stricte exécution de la méthode préservative ci-dessus expliquée pour empêcher l'invasion de cette cruelle maladie. Il ne faut, pour cela, qu'un peu d'attention et de soin, car ordinairement les symptômes se manifestent lentement et sur peu de bêtes à la fois, surtout quand on a su leur résister à temps; *principiis obsta*.

En règle générale, l'invasion de la gale est toujours une preuve d'un mauvais régime antérieur ou actuel, et le meilleur moyen de s'y opposer ou de couper court à ses ravages est d'améliorer ce régime en même temps que l'on emploie les moyens curatifs ci-dessus indiqués.

Dans la troisième, le *claveau*, nous trouvons précisément la parfaite contre-partie de la gale. On le redoute beaucoup plus et ses ravages sont bien plus grands dans les pays de bonne agriculture que dans ceux où elle est encore dans l'enfance, et cela doit être, car, contrairement à la *gale*, le *claveau*, maladie inflammatoire, doit, comme la petite vérole, sévir avec d'autant plus d'intensité, que les sujets attaqués sont d'une constitution plus forte et plus robuste. Aussi, dans les premiers on le redoute beaucoup plus que la *gale*, et dans les seconds beaucoup moins.

C'est tout simple, car la proportion de ses victimes varie dans une immense proportion suivant l'état des troupeaux. Il fait souvent bergerie nette dans les exploitations rurales où l'agriculture est perfectionnée, et dans les pays arriérés, au contraire, bien qu'on ne lui oppose souvent que les simagrées des sorciers, il enlève à peine cinq à six pour cent de ces pauvres et maigres animaux qu'il semble dédaigner.

Un point essentiel est de ne pas laisser la maladie prendre toute son intensité. Il est facile de s'apercevoir de l'invasion du claveau dans un troupeau, car dès qu'une bête en est attaquée, elle devient triste, cesse de manger et de ruminer, et se tient à l'écart, immobile, la tête basse et les quatre pieds rapprochés ; quand on voit une bête dans cet état, il suffit de la renverser, et si l'on voit des boutons sur les parties internes et nues des épaules et des cuisses, c'est bien certainement le claveau.

Le meilleur, je pourrais dire le seul remède à lui opposer, c'est l'inoculation qui peut se pratiquer par tout le monde avec la plus grande facilité. On prend un animal dont les tumeurs claveleuses sont arrivées à maturité, c'est-à-dire qui contiennent un pus blanchâtre, on les ouvre, on y trempe le bout d'une lancette avec laquelle on fait aussitôt une piqûre sur la peau sans laine de l'intérieur de chaque cuisse de l'animal que l'on veut inoculer. On a soin de tenir le troupeau à un régime rafraîchis-

sant s'il est en pleine santé, tonique s'il est faible;
et si c'est pendant l'hiver, on prend des précautions
pour que les animaux ne soient pas saisis par le
froid ou mouillés par la pluie.

Au reste, quelque simple que soit cette opération, je vous conseillerai de la faire faire par un
vétérinaire si vous êtes assez heureux pour en
avoir un dans votre voisinage.

Le *claveau* étant éminemment contagieux et se
contractant par le pacage commun, il faudra,
quand il régnera dans vos cantons, prendre à cet
égard les plus sévères précautions et demander le
cantonnement des troupeaux infestés. Vous devrez,
pour cela, vous adresser au maire de la commune
et consulter à cet égard les usages en vigueur dans
votre Code. C'est sur ce point important que se fait
sentir bien vivement, comme sur tant d'autres, le
besoin d'un Code rural. Espérons qu'enfin cette re-
grettable lacune sera remplie dans la législation
française.

La quatrième, la *maladie du sang,* connue aussi
sous les noms de *moroi*, *sang de rate*, *etc.*, est une maladie non contagieuse, mais épidémique : c'est-à-dire

sévissant sur un grand nombre de bêtes d'un même troupeau. Elle se manifeste subitement ; l'animal vif, bien portant et mangeant avec appétit, s'arrête tout à coup, s'allonge et tremble sur ses membres, rend un peu de sang par les appareils urinaires, puis tombe pour ne plus se relever.

On peut la considérer comme une espèce d'*apoplexie foudroyante* avec d'autant plus de raison, qu'elle sévit de préférence sur les bêtes bien portantes et grasses, et sur les troupeaux habituellement nourris de fourrages en grains et d'herbes fortes et succulentes.

Une fois déclarée, elle est incurable ; aussi, dès que quelques-unes de vos bêtes en seront atteintes, il faudra vous empresser d'employer les moyens *préventifs*, c'est-à-dire de faire saigner toutes les autres et de changer sans délai leur régime. Vous ferez substituer une nourriture rafraîchissante et un peu débilitante aux fourrages secs très nourrissants et échauffants qui ordinairement causent cette maladie, tels que les *vesces* en grains, les *bisailles* ou *pois gris, etc.,* et vous éviterez d'exposer vos troupeaux à l'ardeur du soleil et de les envoyer dans des pâturages dont les herbes sont fortes et aromatiques.

Un excellent moyen qui m'a toujours réussi, c'est, quand cela est possible, de les faire changer de pays, quand même on ne les éloignerait que d'une lieue ou deux de l'endroit où ils ont contracté la maladie. Il est bien entendu que vous devrez toujours, dans ce cas, prendre les précautions hygiéniques que j'ai ci-dessus indiquées, c'est-à-dire aérer les bergeries, éviter les brusques transitions du chaud au froid.

Il est aussi fort avantageux, dans ce cas, d'aciduler la boisson des bêtes en y mêlant du fort vinaigre dans la proportion de deux parties de vinaigre pour cent d'eau, c'est-à-dire deux litres par hectolitre.

La cinquième, la *pourriture* ou *cachexie aqueuse*, est entièrement différente dans ses causes et dans ses effets de la maladie du sang, dont je viens de vous parler. Elle n'attaque que les troupeaux faibles, mal nourris, et surtout ceux qui paissent dans des marais, ou bien en tout autre lieu, des herbes couvertes de rosée. Elle est occasionnée par la présence dans différents viscères de l'animal, et surtout dans le foie d'un grand nombre d'hydatides vesiculaires qui en amènent la décomposition lente, mais totale, et par suite occasionnent la mort.

La formation de ces hydatides dans les viscères des animaux est un de ces secrets de la nature qu'il n'a pas encore été donné à la science de pénétrer ; elle ouvre un vaste champ aux conjectures de l'esprit.

Ces êtres intestins préexistent-ils dans l'animal, prêts à se développer en même temps que sa faiblesse et son épuisement, comme tous les parasites ? c'est probable.

Cette maladie, contractée à l'automne, se couve ordinairement tout l'hiver et se manifeste avec intensité à la pousse des premières herbes. Alors souvent des troupeaux entiers disparaissent en quelques semaines.

Elle est incurable, et je dois vous prévenir à cet égard contre toutes les recettes, sans aucune exception, indiquées par les charlatans agricoles ; recettes bonnes seulement pour enrichir les pharmaciens.

Mais si une fois déclarée il est impossible de la guérir, il est au contraire très facile d'en préserver des troupeaux par des soins intelligents et des précautions sévères.

Dans les pays mouillés et dans les temps humides, il ne faut jamais laisser les moutons aller aux champs sans leur avoir auparavant donné une ration de nourriture sèche. Dans aucun temps et dans aucun lieu, vous ne les laisserez paître à la rosée, car l'herbe mouillée de rosée est bien plus dangereuse que celle mouillée par la pluie.

Quand vous acheterez des moutons à l'automne, vous les examinerez avec beaucoup de soin pour vous assurer s'ils n'ont pas contracté le germe de cette maladie, ce qui, du reste, est facile à reconnaître avec un peu d'habitude, à la blancheur des gencives, à celle de l'enveloppe du globe de l'œil sur laquelle ne paraissent pas, dans ce cas, lorsqu'on la comprime avec les doigts pour l faire sortir, un peu en dehors des paupières, ces veines vermeilles qui se montrent dans celle des bêtes bien saines.

On reconnaît aussi aisément si un mouton est *pourri* en le prenant par la jambe de derrière ou lui appuyant la main sur la croupe. Si dans le premier cas il ne fait aucun effort pour retirer sa jambe, et dans le second s'il plie facilement sous votre main, indubitablement il est atteint de ce terrible mal, et dans un cas ni à aucun prix vous n'acheterez de semblables animaux.

Comme ces symptômes sont peu apparents au début de la maladie, vous devrez aussi vous méfier beaucoup des moutons qui, quoique sains en apparence, proviennent de lieux bas, humides et abondant en prés de rivière. Dans ce cas, en les achetant, vous devrez vous faire donner un billet de garantie par le vendeur, puis livrer sans retard au boucher la bête qui vous sera la plus suspecte. Si elle a le foie sain et sans aucune trace d'hydatide, ce sera pour vous une grande raison de sécurité. Vous ferez bien cependant, s'il vous reste quelques doutes encore, de renouveler de temps en temps cette expérience en choisissant toujours l'animal le plus débile du troupeau.

Le sel est aussi un excellent préservatif de cette cruelle maladie : des fourrages arrosés d'eau salée ou des sachets composés ainsi que je l'ai expliqué et placés habituellement dans la bergerie , sont en tout temps et en tous lieux un puissant moyen d'hygiène dont je ne saurais trop vous recommander l'emploi.

Enfin la sixième, le *piétin*, vulgairement appelé *cocotte* dans bien des lieux , est une maladie contagieuse qui, sans être mortelle, fait souvent le désespoir des bergers et des cultivateurs. Elle est due à la présence d'un insecte parasite qui s'introduit dans le pied, à la face interne, entre les deux fourchettes. Elle cause la fièvre et la perte de l'appétit, et fait par conséquent maigrir et dépérir rapidement les bêtes attaquées.

Il faut, pour la combattre avec succès, ne pas la laisser s'enraciner; et pour cela, à mesure qu'elle se déclare sur une bête, on emploie sans retard le remède que voici : après avoir nettoyé le pied malade, on regarde avec attention et l'on aperçoit sous la corne un point blanchâtre ; c'est le siége du parasite. Alors on pare la corne avec un canif jusqu'à ce qu'on ait découvert entièrement le point blanc ; puis on frotte légèrement avec une plume imbibée d'acide sulfurique, et l'opération est terminée. Si elle a été faite avec soin, elle manque rarement son effet.

Pendant la durée de la maladie, il faut faire nettoyer tous les jours avec soin la bergerie et donner aux animaux une abondante litière de paille neuve et bien sèche. Avec ces précautions, vous parviendrez à détruire en peu de temps cette cruelle maladie ; tandis que si vous la laissez s'enraciner, vous ne pourrez plus vous en rendre maître et tout le troupeau y passera à son grand détriment et au vôtre.

Les bêtes à laine sont aussi sujettes à des rhumes de cerveau qui les fatiguent beaucoup. Elles les contractent quand on les laisse mouiller aux champs, et surtout par ce passage subit du chaud au froid dont j'ai déjà signalé les inconvénients. Il est donc facile de les prévenir en prenant les précautions nécessaires, c'est-à-dire en recommandant aux gardiens de ramener leurs troupeaux dès que le temps menace, et surtout en donnant de l'air aux bergeries pour y abaisser graduellement la température une heure au moins avant la sortie. Quand, malgré ces précautions, cette affection se déclare sur un grand nombre d'animaux, on la combat avec succès par des fumigations de graine et de tiges de genièvre faites dans les bergeries closes, et surtout en redoublant de soins pour éviter les brusques transitions du chaud au froid et les averses de pluie glaciale.

XVIII⁰ Lettre.

ÉDUCATION DES PORCS.

*A Monsieur ***,*

L'éducation des porcs est bien diversement considérée par les auteurs et par les praticiens. Les uns la regardent comme très avantageuse, d'autres au contraire pensent qu'elle est rarement profitable, surtout exercée sur une grande échelle, et la balance semble pencher du côté de ces derniers.

En France surtout, cette spéculation est presque entièrement abandonnée à la petite culture, et dans les grandes exploitations on se borne généralement à l'engraissement de quelques sujets pour les besoins du ménage. Cependant il est des cultivateurs qui se livrent avec succès à l'engraissement des porcs, et c'est une branche d'industrie agricole qui ne doit pas être dédaignée quand on se trouve dans des circonstances favorables.

Il est deux moyens de tirer parti d'une porcherie : en élevant des jeunes animaux pour les vendre maigres, ou bien en engraissant des porcs de grande taille. Vous choisirez entre ces deux méthodes, suivant la position topographique de votre exploitation et surtout suivant la nature de vos principaux produits.

L'élève des cochons est surtout profitable quand on a de grands bois de haute futaie à proximité, où l'on peut envoyer les truies se promener et pacager presque toute la journée ; le séjour prolongé à l'étable étant peu favorable à la reproduction dans ce genre d'animaux. Cependant il est de très belles porcheries où les mères, pleines ou nourrices, n'ont pour toute promenade qu'un enclos peu spacieux attenant à leurs loges, et il paraît que cet exercice est suffisant, car elles y donnent de bons produits.

Si vous n'avez pas de parcours étendus et si cependant vous voulez vous livrer à l'éducation des jeunes animaux, vous devrez employer ce moyen. Alors, en outre d'une petite cour particulière attenant à la loge de chaque mère truie, il sera nécessaire d'avoir près de la porcherie, un enclos de plusieurs arpents dans lequel les bêtes pourront errer en liberté. Il est très avantageux, pour ne pas dire indispensable, d'avoir dans cet enclos de l'eau courante ou du moins profonde, où les animaux puissent se baigner souvent, car les bains sont très nécessaires pour les maintenir en bonne santé.

Si vous élevez des porcs pour les vendre maigres, vous serez obligé de vous en tenir à l'espèce ayant cours dans le pays, car les gens de la campagne ont à cet égard des préjugés fortement enracinés, et de longtemps encore ils ne voudront pas des races améliorées.

Au reste, quelle que soit la race que vous éleverez, vous devrez ne pas imiter l'absurde coutume encore en vigueur dans bien des lieux, et qui consiste à veiller la truie quand elle met bas, pour lui enlever ses petits à mesure qu'ils naissent, sous prétexte que sans cette précaution elle les dévorerait ou les écraserait. Il faut en tout laisser

agir la nature, et si en effet les mères dévorent ou
écrasent quelquefois leur portée, c'est presque toujours parce que la présence des hommes les tourmente et que l'enlèvement de leurs petits les irrite.
Jamais une truie qui met bas en liberté, comme
cela arrive quelquefois à celles qui vont aux
champs, n'écrase ou ne dévore sa portée. Il faut
donc leur laisser le plus de liberté possible et ne
jamais les soumettre à une réclusion prolongée,
mais les laisser promener tous les jours et longtemps dans l'enclos quand on ne pourra pas les envoyer au parcours dans les bois ou dans les champs.
Il est facile d'éviter ainsi tous les accidents sans
qu'il soit besoin d'avoir recours à des moyens qui
presque toujours sont inutiles quand ils ne sont pas
dangereux.

La méthode ordinairement la plus profitable est
de vendre les cochons de lait. Au reste, cela dépend des habitudes et des usages de chaque localité.

Si vous voulez spéculer sur l'engraissement des
porcs, vous devrez alors donner la préférence
aux belles races étrangères, car on ne peut pas
opposer à leur adoption les raisons puissantes et

décisives qui m'ont engagé à vous conseiller, dans l'éducation des bêtes ovines et bovines, de préférer toujours l'amélioration des races indigènes à l'introduction des races étrangères. Le porc est un animal tout à fait domestique et à l'éducation duquel, par conséquent, on ne peut appliquer les principes qui nous ont guidé pour celle des chevaux, des bêtes à cornes et des moutons.

Parmi toutes ces races étrangères, vous choisirez celle de Hampshire, qu'il ne faut pas confondre avec celle que l'on nomme anglo-chinoise ou Tonquin. La première leur est bien supérieure en tout point ; c'est celle que l'on préfère à Grignon, et MM. Gossin frères, qui se livrent a son éducation en grand, dans le département des Ardennes, en font le plus grand éloge.

Vous suivrez, dans l'engraissement des porcs, a peu près la même voie que celle que je vous ai tracée pour celui des autres animaux, avec, toutefois, les modifications indiquées par la nature même des animaux. Le porc, animal omnivore et glouton, laisse bien plus de latitude pour le choix de sa nourriture, mais il faut cependant aussi observer rigoureusement pour lui la règle de la graduation ascendante de la puissance des aliments. Ainsi d'abord le résidu des laiteries et les racines cuites, ensuite les farines de grains, les tourteaux oléagineux et la viande cuite.

Mais encore une fois gardez-vous bien de prendre pour base dans cette appréciation de valeur nutritive de ces divers aliments, les expériences et les analyses chimiques dont nous sommes depuis quelques temps inondés. Ce qui doit surtout vous inspirer cette sage défiance, c'est que dans presque toutes ces questions *Hypocrate dit oui, et Galien dit non.* Les uns prétendent que *la graisse existe toute formée dans tels ou tels végétaux, et que ceux-là sont surtout propres à la produire* (Dumas et Payen); d'autres nous apprennent, au contraire, que *les aliments végétaux ne contiennent pas de graisse* (Liebig), ou bien *que des aliments entièrement dépourvus de graisse ont engraissé très promptement des oies* (Persoz de Strasbourg). Qui croire? personne... ; et qu'importe d'ailleurs à l'agriculture?... En attendant que les chimistes soient d'accord, nous savons que telles substances sont plus propres a l'engraissement que telles autres, et cela nous suffit fort heureusement, car nous pourrions sans doute *attendre fort longtemps.*

Quelques engraisseurs prétendent qu'un peu de seigle cuit en grain et donné dans les derniers jours de l'engraissement, opère des merveilles ; ils assurent que cela *fait sortir la graisse.* Ils en donnent également aux bœufs et aux moutons dans le même but. Je vous signale ce moyen en passant ; si son efficacité n'est pas authentiquement reconnue, il est toujours bon d'en faire l'essai.

Je ne vous dirai rien des maladies des porcs : elles sont assez rares et en général fort difficiles à guérir ; la seule chose à faire, c'est d'appeler un vétérinaire.

Il en est une cependant que je dois vous signaler afin que vous puissiez vous en défendre dans vos achats : c'est la *ladrerie*, due à l'invasion d'une espèce d'hydatide vésiculaire. La présence de ces hydatides se reconnaît surtout à l'inspection du dessous de la langue, et lorsque vous achèterez des porcs, vous devrez les faire visiter sans désemparer par des experts *ad hoc* qu'on trouve sur tous les champs de foire.

XIXᵉ Lettre.

CONSIDÉRATIONS GÉNÉRALES SUR LES ANIMAUX DOMES-
TIQUES DES EXPLOITATIONS RURALES.

*A Monsieur ***,*

Dans l'état actuel de l'agriculture, sur les trois quarts au moins du territoire Français, les animaux élevés ou employés dans les exploitations rurales sont pour les cultivateurs plutôt une cause de perte qu'un moyen de profit.

Comment pourrait-il en être autrement, avec une législation aussi peu favorable que le nôtre à l'élève et à l'engraissement du bétail.

Pour les chevaux, il n'y a pas le moindre doute à cet égard, mais c'est un mal nécessaire, car il est impossible de ne pas labourer et faire les char-rois nécessaires au service de l'exploitation

La même observation s'applique aux bœufs de labour qui, cependant, sont moins coûteux que les chevaux , ainsi que je crois l'avoir prouvé.

Quant aux vaches, je dis et je soutiens que si l'on excepte de cette règle les localités voisines d'un foyer de consommation où le lait se vend avec avantage, elles sont presque partout plutôt une cause de perte qu'un moyen de profit.

Malheureusement si elles ne sont pas utiles au plus grand nombre des cultivateurs, elles leur sont nécessaires, et ceux qui savent se rendre compte les gardent parce qu'ils les considèrent comme des *machines à engrais*, machines coûteuses, mais dont l'agriculture ne peut se passer.

On peut en dire à peu près autant des *bêtes à laine ;* excepté dans certaines localités où elles vont presque toute l'année au pâturage dans les champs, à bien compter elles coûtent plus qu'elles ne rapportent, surtout depuis la dépréciation continue du prix de la laine.

Je pose ici, comme un fait incontestable, que dans plus de la moitié des exploitations rurales, en France, si l'on calculait bien exactement tout ce que coûtent les vacheries et les bergeries, leur compte serait toujours en perte.

Il en est de même pour la spéculation de l'engraissement, et à ce sujet je ne puis mieux faire que de m'étayer encore de l'opinion d'un *agriculteur-pratique* dont la longue expérience et les connaissances agricoles méritent la plus grande confiance; or, voici ce que dit M. *Caffin d'Orsigny* dans sa note sur l'*engraissement des bestiaux*, lue à la société d'agriculture de Paris, et dont je vous ai déjà entretenu.

« *Le prix de la viande maigre, comparée au prix de la viande grasse et à la valeur des aliments, n'assigne à l'engraissement des bestiaux dans quelques localités d'autre utilité que de produire les fumiers indispensables aux besoins de la ferme. Ce mode de produire des fumiers peut souvent être onéreux, désastreux pour le cultivateur, etc.*

En présence de ces faits, je me suis demandé souvent s'il ne serait pas plus économique et plus profitable pour ces cultivateurs de transformer immédiatement en engrais les produits qu'ils consacrent

*ordinairement sans autre but utile à la nourriture
de leurs bestiaux.* »

Cela n'est malheureusement que trop vrai, seulement au lieu de *quelques localités*, M. Caffin d'Orsigny aurait dû dire dans presque toutes les localités, car, je n'en doute pas, presque partout en France, si l'on se rendait un compte bien exact, le seul produit net de l'engraissement des bestiaux, c'est le fumier, et encore n'est-il pas toujours bien net.

Mais ce n'est pas tout, les bestiaux sont aussi pour les agriculteurs une cause incessante d'ennuis et de contrariétés : la nécessité d'une surveillance continuelle sur les domestiques qui les soignent avec négligence ; le danger des incendies par la lumière que l'on est obligé d'avoir l'hiver dans les étables ; les maladies, les mortalités, les difficultés et les embarras des achats et des ventes, tout cela constitue un inépuisable arsenal d'inquiétudes, de dégoûts et de mécomptes qui mettent à une éternelle épreuve, le courage, la patience et la résignation de l'homme des champs.

Aussi, je vous le dis hautement, partout où vous

pourrez acheter des engrais à un prix modéré ,
n'hésitez pas à supprimer les moutons et les vaches
en conservant seulement de celles-ci le nombre
strictement nécessaire à l'entretien de la maison.

Heureux le cultivateur placé dans de telles circonstances !

Il dort tranquille et sait exactement à l'avance
ce que lui coûtera l'engrais mis dans ses champs,
tandis qu'avec les troupeaux il est toujours sous le
coup de pertes imprévues par la mortalité ou par
la dépréciation de leur valeur, en outre des pertes
ordinaires résultant de la différence entre le produit et la dépense.

Si l'on faisait entrer en compte la valeur du temps
perdu pour aller en foire acheter ou vendre ces
animaux et le dommage qui résulte de l'absence du
maître, ce serait bien pis encore.

Ainsi, lorsque vous pourrez vous procurer à prix
d'argent des engrais, supprimez sans hésiter les
vaches d'abord et puis les moutons, surtout si vous
ne les nourrissez pas presque toute l'année au
parcours.

Si vous ne pouvez supprimer vos bestiaux élevez

en alors le plus que vous pourrez, *afin de beaucoup rendre et peu acheter*, et surtout cherchez à habituer les marchands à venir acheter chez vous afin d'aller aux foires le plus rarement qu'il vous sera possible.

Si vous êtes obligé d'y aller pour vendre vos produits, acceptez les offres des acheteurs, dès qu'elles seront raisonnables, parce que jamais vous ne retrouverez le soir le prix que vous aurez refusé le matin.

Surtout apportez dans toutes ces transactions une loyauté à toute épreuve, laissez les mensonges et les finasseries de foire aux gens de bas étage; ce que l'on gagne ainsi en argent on le perd dans l'estime des autres et de soi-même.

Le désavantage évident que présentent dans une grande partie de la France l'éducation, l'entretien et l'engraissement des bestiaux a sur la prospérité publique la plus fâcheuse influence. Le manque de bestiaux cause la pénurie des engrais et de la viande. L'insuffisance des engrais laisse une grande lacune dans la production territoriale, et celle de la nourriture animale une bien plus grande encore dans les produits du travail de l'homme, car l'*azote*,

si improprement nommé. c'est la *vie* et la *force*,
et l'on ne peut s'empêcher de gémir en pensant
qu'en France les terres arables ne reçoivent pas en
moyenne le quart du fumier qui serait nécessaire
pour en obtenir tout le produit possible, et que la consommation moyenne en viande par tête d'habitant
est à peine de 20 kilogrammes par an ou environ
trois quarts de l'ancienne livre par semaine!!

Dans la classe ouvrière, la ration par tête est
même fort au-dessous de cette moyenne ; dans bien
des localités elle ne mange pas même du pain, mais
bien de la bouillie de sarrasin ou des châtaignes,
et dans celles où les travailleurs en mangent presque toujours, c'est un pain noir rempli de son et
par conséquent peu nourrissant.

Quelle somme d'efforts perdue en France pour
la grande œuvre du travail social par l'insuffisance
de substances azotées pour l'entretien de la machine
organique humaine.

J'ai pu me convaincre de la justesse de cette observation en comparant, dans les ateliers d'un chemin de fer, le travail journalier des terrassiers
anglais, vivant presque entièrement de viande, et

15

celui des terrassiers français, vivant presque exclusivement de pain et de légumes. Un atelier anglais, à nombre égal, remuait plus du double de mètres cubes de terre qu'un atelier français, de sorte que l'ouvrier anglais non seulement était mieux nourri et mieux portant, mais il avait encore plus d'argent de reste au bout de la semaine que l'ouvrier français, pauvre, chétif et mal nourri.

Tous les avantages sont donc du côté du régime anglais, et c'est une véritable calamité publique que la cherté de la viande en France, cherté causée par le peu d'avantage que trouve l'agriculture à produire cette substance si nécessaire à l'homme.

Faisons donc des vœux incessants pour que les hommes chargés des intérêts et du soin de notre corps social, se décident enfin à opposer un remède énergique à cette plaie funeste qui le ronge sourdement au cœur.

Comme il est très peu de localités en France où l'on puisse se passer de bestiaux, en achetant des engrais à un prix convenable, il faut bien subir cette fâcheuse nécessité d'en avoir comme machines à fumier : mais alors l'on doit s'efforcer d'en tirer le meilleur parti possible, pour réduire le prix de revient de l'engrais qu'ils nous vendent si cher.

Par conséquent, si vous vous trouvez dans cette triste position que vos vaches et vos bêtes à laine vous coûtent plus qu'elles ne vous rapportent, vous devrez en avoir seulement le nombre strictement nécessaire pour fumer suffisamment vos terres.

Ici, je me trouve fort embarrassé pour vous dire quel est ce nombre, car il faudrait, pour cela, mettre d'abord les agronomes d'accord entre eux.

On estime généralement que le terme moyen d'une bonne culture est d'entretenir une tête de gros bétail, ou son équivalent en menu, sur un hectare soixante-quinze ares ; mais alors que devient la règle posée par Thaër, qu'une tête de bétail ne peut pas fumer plus de vingt-cinq ares ; l'on ne pourrait donc, dans ce cas, fumer les terres que tous les huit ans.

Au reste, en contradiction avec cette assertion de Thaër qui, lui aussi, a voulu beaucoup trop réduire l'agriculture en chiffres, on trouve dans un ouvrage d'un auteur de la même nation (1), car

(1) De Weckherlin. Stuttgard. 1842.

c'est d'Allemagne surtout que nous est venue toute cette arithmétique agricole ; on trouve, dis-je, dans cet ouvrage, un calcul très détaillé d'après lequel une tête de gros bétail peut fumer plus de cinquante ares.

Voici comment procède ce calculateur allemand : il faut, dit-il, 21,750 kilos de fumier d'étable pour fumer un hectare.

Or, une vache moyenne, consommant par jour 14 kilogrammes de nourriture, c'est-à-dire 3 kilos de foin, 3 kilos de paille et 8 kilos de betteraves, ce qui fait 14 kilogrammes par jour, soit par an 5,160 kilos et en ajoutant un huitième environ de paille pour litière, soit 600 kilos, nous avons un total de 5,760 kilos de nourriture et litière, qui donneront par an 11,420 kilos de fumier, c'est-à-dire de quoi fumer un peu plus d'un demi hectare.

Ce qu'il y a de plus curieux dans tout ceci, c'est que cet auteur, qui ne demande que deux vaches pour fumer un hectare, tandis que Thaër en exige quatre, porte à 21,750 kilos le poids de fumier nécessaire pour fumer cet hectare. tandis que Thaër ne l'élève qu'à 18,000 kilos environ : de sorte que les deux vaches du premier doivent nécessairement produire chacune 11,000 kilos de fumier, quand les quatre du second n'en produisent que 4,500 kilos chacune. *Fiat lux!!*

J'ai voulu mettre sous vos yeux ces calculs *et leurs inexplicables différences* pour vous donner encore une idée de la manière d'opérer de la plupart des agronomes; j'ai voulu surtout faire ressortir clairement l'évidente contradiction qui existe entre l'opinion de ces deux auteurs, pour vous mettre encore une fois dans une juste défiance contre tous ces systèmes basés sur des appréciations suspectes et sur des chiffres douteux.

Qui donc a raison, direz-vous peut-être, ou de Thaër ou de cet auteur? Ni l'un ni l'autre, selon moi, car ce qu'ils ont voulu soumettre à des règles fixes et circonscrire dans le cercle étroit et invariable d'un calcul arithmétique, est éminemment variable suivant les lieux, le climat, les saisons, l'espèce et l'état des animaux, et la nature de leurs aliments.

Rejetez donc, une fois pour toutes, toutes ces

règles et tous ces calculs ; consultez votre propre expérience, elle est et doit être le seul guide du cultivateur dans toutes ces appréciations qui, pour vous-même, varieront chaque année, peut-être même chaque mois. Ce sera seulement par une longue succession d'études et d'épreuves que vous pourrez savoir combien, à peu près, il faut en moyenne, dans votre localité, de têtes de gros bétail ou leur équivalent en menu pour fumer un hectare de terre.

Malheur au cultivateur qui, dans ses opérations agricoles, se baserait sur cette trompeuse fantasmagorie de chiffres et d'analyses chimiques que les esprits aventureux et impatients de progrès des savants agronomes et des habiles physiciens de ce siècle cherchent à substituer à la simple science de l'agriculture.

La meilleure preuve contre ces calculs et ces analyses est en eux-mêmes ; aucun de ces chiffres ne se rapportent entre eux, aucune de ces analyses ne donne des résultats semblables aux autres, et c'est là ce qui prouve du moins la bonne foi de leurs auteurs : s'il en était autrement, on devrait s'inscrire en faux matériel contre les uns et les autres ; car, pour l'homme qui raisonne, il est bien clair et bien positif qu'étant faites par des mains diverses dans des lieux différents, et sur des sujets ou des substances d'une nature variable, il est physiquement et moralement impossible que ces appréciations puissent se rencontrer une fois, et ces expériences donner deux fois les mêmes résultats.

Voilà pourtant, je le répète, ce que l'on a fait de la science agricole aujourd'hui : et ce n'est pas sans hésiter que je me suis décidé à mettre la sappe au pied de cet immense et brillant échafaudage élevé à si grands frais de calculs et d'esprit sur un terrain mouvant et creux. Que de cris de *haro* vont s'élever contre moi, simple agriculteur étranger à toutes ces sciences, dont la main profane a osé toucher à l'Arche sainte....

Mais le premier coup est porté aux faux dieux du jour ; j'achèverai de briser leurs trompeuses idoles, et je m'efforcerai de ramener leurs adorateurs abusés au vrai culte de la simple et bonne agriculture, en leur démontrant le danger et le

néant de ces systèmes spécieux et de ces sophismes
brillants qui tous, faute de base et de poids, tombent devant la simple raison comme des châteaux
de cartes sous le souffle d'un enfant.

XXᵉ Lettre.

ÉDUCATION DES ABEILLES.

A Monsieur ***,

L'éducation des abeilles, sans être précisément du domaine de l'agriculture proprement dite, s'y rattache cependant d'une manière assez directe pour que je pense devoir vous en entretenir un instant.

Dans la bonne direction d'un rucher, l'homme des champs peut, non seulement trouver une occupation intéressante et agréable, mais aussi une source de bénéfices sinon considérables, du moins à peu près certains; et c'est surtout en agriculture que l'on peut appliquer au *produit ici ce dicton*. *les petits ruisseaux font les grandes rivières.*

Vous aurez donc , si votre localité est favorable aux abeilles, c'est-à-dire si elle a des bois, de l'eau et des prés naturels, et si l'on y cultive les prairies artificielles en grande quantité, vous aurez, dis-je, un rucher composé d'une quantité *suffisante* de ruches. Je dis suffisante, parce que vous aurez bientôt reconnu quel est à peu près le nombre de ruches que comporte le lieu. Si vous y en mettez plus qu'il ne peut en nourrir, elles ne réussiront pas et les plus fortes pilleront les plus faibles. Aussi, pour agir sagement, vous commencerez par un petit nombre en l'augmentant graduellement tant que la prospérité se maintiendra dans le rucher. Il faudra, toutefois, faire à cet égard la part des années et ne pas attribuer à l'insuffisance locale de nourriture la pénurie qui serait le résultat d'une mauvaise saison. Au reste, l'expérience vous aura bientôt, sans doute, appris à bien juger les choses à cet égard.

Vous placerez le rucher dans un lieu bien exposé, abrité des vents du nord et de l'ouest, et autant que possible exempt de la fréquentation habituelle des gens ou des animaux de la ferme.

Vous préférerez a toutes les ruches de nouveau modèle, formées de caisses ou de compartiments divers. l'ancienne ruche rustique faite en forme de cloche avec de l'osier tressé et recouverte d'un enduit de terre glaise mélangée de bouze de vache.

Vous les placerez sur des tablettes élevées de trente à quarante centimètres de terre. et vous les assurerez contre les coups de vent. Elles seront recouvertes. suivant l'habitude. d'une bonne chemise en paille de seigle, retenue par une ceinture d'osier.

L'endroit où elles seront placées devra être tenu proprement afin d'éviter qu'il serve de retraite aux reptiles et aux crapauds. qui sont. à ce qu'il paraît, fort avides d'abeilles. et aux souris et aux rats, qui ont un goût très prononcé pour le miel.

Il faudra, autant que possible, qu'il ne soit pas ombragé par des touffes d'arbustes qui servent d'asile à certains petits oiseaux grands destructeurs des ruches.

Le voisinage d'une eau pure et courante est là

vorable aux abeilles ; cependant, si cette eau a une grande largeur, il faut avoir l'attention de placer le rucher de manière que les abeilles, en revenant de butiner, n'aient pas à la traverser contre le vent qui amène le plus ordinairement l'orage ou la pluie dans la localité, car si, surprises par l'approche de l'orage et revenant en foule et très chargées au rucher, elles ont à lutter en traversant l'eau contre le vent, et souvent contre les premières gouttes de pluie, elles y tombent et se noient. Ainsi, en supposant le vent d'ouest comme celui qui précède le plus ordinairement l'orage, vous devrez, si vous avez une rivière ou un étang un peu larges, placer votre rucher à l'est de cette eau, afin que les abeilles la traversent toujours avec le vent de la pluie par-derrière. C'est une observation fort négligée et cependant très essentielle, et dont j'ai eu occasion de vérifier toute l'importance en voyant tomber à l'eau et se noyer une grande quantité d'abeilles chargées de butin, et qui, surprises par l'approche de l'orage, revenaient en foule au rucher en volant contre le vent qui soufflait alors.

Quant a l'administration du rucher, c'est-à-dire

aux soins à donner aux abeilles, ils se bornent à peu de chose, et je vous engage fort à laisser de côté toutes les prescriptions et recettes données à cet égard par les traités spéciaux.

Les abeilles sont des insectes indigènes à la France; le mieux, par conséquent, est de les abandonner à leurs habitudes naturelles en les préservant, toutefois, des dangers provenant pour elles de la domesticité, c'est-à-dire du domicile que nous leur imposons un peu de force. Il suffit pour cela de les tenir proprement dans la position que j'ai indiquée et de les préserver autant que possible de leurs ennemis naturels.

Il faut surtout repousser comme absurde cette fatale coutume, si généralement répandue cependant, de la *taille du miel*, c'est-à-dire cette récolte partielle et annuelle que l'on en fait presque partout en partageant avec chaque ruche en état de supporter cette opération. Je le répète, rien n'est plus dangereux pour les abeilles, et par conséquent plus contraire aux intérêts bien entendus de leur propriétaire. On ne saurait croire combien de ruches périssent annuellement par suite de ce prélèvement

presque toujours fait mal à propos ou en trop grande
quantité. Il irrite les abeilles, les dégoûte de leur
demeure et détruit un grand nombre de larves. La
ruche affaiblie, découragée, répare mal cette perte
et périt souvent de faim quand l'hiver se pro-
longe.

La seule manière rationnelle et avantageuse de
récolter le miel, *c'est l'enlèvement total du contenu
des meilleures ruches, parmi les plus âgées du rucher.* Cet enlèvement se fait soit en sacrifiant totalement les abeilles, c'est-à-dire en les asphyxiant
avec une mèche soufrée, soit en les chassant de
leur ruche dans une autre si l'on pense qu'elles
pourront réparer leurs pertes avant l'hiver, soit
dans la localité, soit dans toute autre où on les
transportera. Il faut pour cela un pays très abondant en bruyères et en sarrasin, sur lesquels les
abeilles peuvent butiner jusqu'aux premiers froids.

Si votre pays n'est pas tel ou si vous n'avez pas
de telles localités dans votre voisinage, vous préférerez le mode de l'asphyxie complète.

J'ai observé l'éducation des abeilles dans bien

des lieux et je ne l'ai vu bien réussir et donner des profits réels que là où l'on employait la méthode de l'enlèvement total du contenu des ruches les plus pesantes parmi les plus âgées.

Du reste, cela est facile a concevoir. Supposons en effet un rucher composé de vingt ruches; en pratiquant l'enlèvement partiel, on pourra sur ce nombre en *tailler* dix ou douze, peut-être, c'est-à-dire leur enlever une partie du miel qu'elles contiennent. En évaluant cette quantité à dix livres pour chacune, on aura cent à cent vingt livres de miel et cire.

Par l'autre méthode, sur les vingt ruches, on pourra facilement en sacrifier quatre des plus lourdes et des plus âgées, c'est-à-dire ayant environ cinq ans. Ces quatre ruches pèseront au moins trente à quarante livres chacune, ce qui fera de cent vingt à cent soixante livres de miel et cire, c'est-à-dire beaucoup plus que par la taille partielle, et quelle différence dans les résultats généraux.

Au lieu de vingt ruches on n'en aura plus que

seize, il est vrai, mais qui pourrait dire que ces seize ruches, entières et vigoureuses, ne valent pas mieux que vingt dont la meilleure moitié a été mutilée et privée souvent de son nécessaire. Ces seize ruches en bon état donneront des essaims en bien plus grand nombre et plus vigoureux que les vingt affaiblies, soit naturellement, soit par la taille; l'avantage serait bien plus grand encore si, comme cela arrive souvent, les quatre ruches entièrement dépouillées pouvaient refaire assez de provisions, soit dans la localité soit dans toute autre où on les transporterait, pour passer l'hiver.

Ainsi, vous préférerez cette méthode qui a de si grands avantages sur celle de la taille. Avec elle, les soins d'un rucher se réduisent à bien peu de chose, car elle laisse les abeilles à peu près dans l'état de nature, ce qui est toujours et partout le meilleur.

Pour tout ce qui a rapport aux essaims, je crois inutile d'entrer dans des détails connus de tout le monde. Il suffit de bien surveiller le rucher à l'époque de leur sortie et d'avoir un homme ha-

bitué à les recueillir; on les place dans une ruche semblable aux autres et dans laquelle, selon
notre méthode, ils resteront jusqu'au moment où
leur jour sera aussi venu.

XXIe Lettre.

BASSE-COUR.

*A Monsieur ***,*

La basse-cour, c'est-à-dire l'éducation des diverses volailles telles que les poules, dindons, oies, canards, etc., est une partie assez importante dans une exploitation agricole. Cependant ses avantages ne sont pas partout les mêmes; ils varient suivant les pays et surtout suivant la position topographique de chaque ferme. Dans certaines contrées où l'on vend avec avantage les œufs et les jeunes élèves, ou bien dans celles où l'on sait engraisser la volaille, le produit de la basse-cour est souvent fort important; dans d'autres il est à peu près nul et se borne, pour la plus grande partie, à la fourvolaille des volailles et des œufs nécessaires à la consommation du maître et à la cuisine de la ferme. Dans ces dernières localités, il serait souvent plus avantageux de supprimer entièrement le poulailler, car les dégâts occasionnés par les poules, dans les jardins, vergers et champs voisins de la ferme, ne sont pas compensés par leur produit.

Elles font aussi beaucoup de mal aux fumiers, surtout dans les exploitations où l'on a la funeste habitude de les conserver longtemps en tas.

Vous aurez à prendre ces observations en sérieuse considération et à vous décider suivant le plus ou le moins d'avantages que cette éducation présente dans votre canton.

Je n'entrerai pas dans de grands détails à cet égard, car je les trouve oiseux et tout à fait superflus : le maître n'a rien à voir dans cette partie de son exploitation, et les soins de la maîtresse doivent se borner à une surveillance attentive des filles chargées de ce soin, car toute la question est là. Si vous avez une fille de basse-cour habile, surtout soigneuse, vous en tirerez un bon profit ; s'il n'en est pas ainsi, elle vous coûtera plus qu'elle ne vous rapportera. Au reste, c'est une question tout à fait secondaire ; dans une grande partie de la France, cette production de l'agriculture est encore une de celles qui, si l'on comptait bien exactement tout ce qu'elles coûtent, donnent plutôt de la perte que du profit.

A moins que ce ne soit une branche importante des spéculations agricoles dans votre localité, vous abandonnerez donc l'éducation des poulets, des dindons, des canards et des oies aux petits cultivateurs qui comptent pour rien le temps donné à ces soins par leur femme et leurs enfants, et vous devrez vous borner à élever des volailles pour l'approvisionnement de votre maison.

Quant aux pigeons, la question est à peu près la même ; c'est-à-dire pour les pigeons de volière, car les grands colombiers de pigeons fuyards sont la peste de l'agriculture et doivent être impitoyablement proscrits.

Vous devrez donc vous contenter d'avoir quelques paires de pigeons *patus*, ou de volière, de bonne espèce, et en leur donnant les soins convenables, ils fourniront abondamment aux besoins de votre table.

Dans le cas où vous croiriez devoir vous livrer à l'exploitation de cette branche d'industrie agricole, vous devrez faire recueillir avec soin les fumiers des volailles et des pigeons. Ils sont extrêmement puissants et leur nature exceptionnelle leur assigne un emploi particulier dont nous aurons à nous occuper spécialement quand nous traiterons ce sujet, un des plus importants de la science agricole.

Dans certains pays, l'éducation des dindons se fait sur une grande échelle et elle présente à la petite culture d'assez grands avantages, parce que, comme je le disais plus haut, ce genre de cultivateurs comptent le temps pour rien. Mais dans les grandes exploitations, les gages des gens chargés de les soigner, la nourriture et surtout les difficultés de les amener à bien, rendent cette éducation toujours fort chanceuse et surtout fort peu profitable. Le meilleur moyen, quand on est dans un pays favorable, c'est de faire faire cette éducation à moitié bénéfice par des femmes de petits cultivateurs ou locataires qui, presque toujours réussissent beaucoup mieux que les filles de basse-cour des grandes fermes, par la raison bien simple qu'elles y sont plus intéressées.

Si vous avez un poulailler nombreux, il faut que la plus grande propreté y règne, car sans cela la vermine mangera bientôt vos poules. Il devra être sec et bien sain, mais plutôt froid que chaud. Les poules qui se portent le mieux sont celles qui couchent en plein air, et bien des basses-cours sont misérables et improductives parce que leurs poulaillers sont trop chauds, surtout la nuit. Il est facile de remédier à ce grave inconvénient par des ouvertures et surtout par des ventouses établies dans le haut et traversant le toit comme des cheminées. Toutes ces ouvertures devront être soigneusement grillées pour empêcher l'invasion des fouines et autres animaux malfaisants.

XXIIᵉ Lettre.

LE JARDIN.

*A Monsieur ***.*

Je ne vous dirai qu'un mot du jardin, car nous n'avons à nous occuper dans ces *lettres* que du jardinage destiné à fournir des légumes à la cuisine de la ferme. En règle générale, ces légumes coûtent presque toujours plus à cultiver qu'à acheter si l'on est dans le voisinage de populations jardinières. Si vous n'avez pas cet avantage, il faudra bien avoir un jardin et un jardinier, mais alors vous devrez vous borner à la culture des gros légumes, et dans ce cas un des hommes de la basse-cour peut être chargé de ce soin.

Quelquefois on trouve à sa portée des *quasi-jar-*

diniers qui viennent travailler à la journée, et c'est encore là un des meilleurs moyens à prendre. Je n'entrerai dans aucun détail sur la culture de ces légumes; elle varie suivant les lieux et les climats, et ce n'est pas là notre affaire. Seulement je vous recommande de veiller de près le jardinier à l'endroit du fumier. Si on les laisse faire, ils en emploient d'énormes quantités et ce n'est pas un des moindres inconvénients des jardins de ferme.

Une opération qui se rattache aux jardins et que je crois devoir vous recommander particulièrement, c'est celle de la plantation d'arbres fruitiers, non pas en vergers, car ils finissent par accaparer tout le terrain, mais en bordure le long de vos champs, surtout au bord des chemins. Je connais des propriétés dont la valeur a été ainsi considérablement augmentée sans porter aucune atteinte à la fertilité des terres arables.

Pour ces plantations, vous devrez préférer les espèces qui se conservent, celles qu'on appelle d'*hiver,* parce que le débit en est plus sûr et plus avantageux. Dans les contrées où le vin est cher, il est très utile aussi de planter des *pommiers* de bonnes espèces *à cidre.* Cette boisson salutaire se consomme avec avantage dans la ferme lors même que le vin est à bon marché.

Vous placerez vos arbres en ligne, à une assez grande distance les uns des autres, pour ne pas nuire aux récoltes, même sur la bordure des allées. Plus les arbres seront de grandes espèces et plus vous les espacerez entre eux; les *pommiers* moins que les *poiriers.* Je pense que huit mètres pour les pommiers et dix pour les poiriers sont parfaitement suffisants ; au reste, c'est pour ces derniers l'avis de **Palladius.**

Spatia inter pyros triginta pedum.

Vous devrez apporter le plus grand soin au choix des sujets. Si vous plantez des *francs,* vous ne prendrez que des arbres jeunes, c'est-à-dire ayant trois ou quatre ans de pépinière au plus, droits, vigoureux, à l'écorce saine et lisse. Vous vous montrerez tout aussi difficile pour le choix des *sauvageons,* et vous proscrirez sans exception tous ceux qui seront défectueux ou venus sur souche.

Plus les trous destinés à recevoir vos jeunes arbres seront larges et profonds, plus aussi leur réussite sera certaine. Il est très avantageux de faire faire les trous longtemps à l'avance, afin que la terre se mûrisse. En plantant, vous aurez soin de faire mettre un peu de bonne terre auprès des racines et de faire secouer légèrement l'arbre de haut en bas en le soulevant, quand le trou sera à moitié plein, pour qu'il se trouve placé au milieu de la terre douce et qu'il n'y ait pas de vides autour des racines.

Une attention bien nécessaire, et cependant généralement négligée, c'est d'*orienter* les arbres, c'est-à-dire de les placer, en les plantant, dans la même position où ils se trouvaient dans la pépinière ou dans le bois ; car il arrive souvent, si l'on néglige cette précaution, et si le côté de l'écorce habitué au nord se trouve exposé au midi, *et vice versâ*, que l'arbre périt par suite de *coups de soleil* ou de *gélivures* qui proviennent de ce brusque changement d'*orientement*. Il faut donc avoir soin de faire marquer dans les pépinières ou dans les bois tous les sujets du même côté par une légère incision à l'écorce, afin de ne pas commettre d'erreur en les plantant. Je vous recommande cette précaution comme très essentielle. Bien des arbres languissent ou meurent par cette cause sans que l'on s'en doute, et cependant rien n'est plus naturel.

Si vous avez des terrains sablonneux, froids et *verts*, vous pourrez les utiliser par des plantations de *châtaigniers*, arbre qui est d'un très bon produit, surtout en taillis que l'on coupe tous les cinq ou six ans pour faire du *cercle*. Vous aurez soin de faire d'abord des essais, car le châtaignier est un arbre fort capricieux, et il ne suffit pas qu'un terrain soit sablonneux et froid pour lui convenir. Pour les plantations comme pour toutes les opérations agricoles, l'*expérience est le meilleur maître*, comme je n'ai cessé et ne cesserai de vous le répéter dans ces lettres.

En terrain convenable, les plantations de peupliers peuvent être très avantageuses, mais comme on a beaucoup exagéré leurs avantages, on en a planté partout; aussi, combien végètent péniblement et nuisent plus à leur propriétaire qu'ils ne lui portent de profit. Tout peuplier qui ne croît pas a vue d'œil, comme on dit, ne paie pas sa place. N'oubliez pas ce précepte.

Le *peuplier d'Italie,* dont la forme élégante fait l'ornement des paysages, se plaît seulement dans les bons fonds et sur le bord des eaux courantes. Partout ailleurs, vous lui préférerez le *peuplier noir,* et surtout le *peuplier de Virginie,* vulgairement nommé, dans bien des pays, *peuplier suisse.* Non seulement leur croissance est habituellement plus rapide, mais leur bois est aussi de meilleure qualité.

En règle générale, ne perdez jamais de vue cette vérité si bien exprimée par ce proverbe : *on ne peut pas tirer deux moutures d'un sac.* Les sucs qui nourrissent un arbre sur votre sol ne peuvent pas y nourrir autre chose; c'est à vous de calculer si tels arbres paient bien ou mal leur place, en prenant en considération, non seulement l'étendue du terrain qu'ils occupent, mais encore le préjudice qu'ils causent aux récoltes par le *tracage* de leurs racines et aussi par leur ombrage beaucoup plus nuisible qu'on ne le pense ordinairement, ainsi que j'ai eu maintes fois l'occasion de m'en convaincre.

J'oubliais de vous dire qu'en plantant des arbres, il faut faire bien attention aux terrains d'où
ils proviennent et préférer toujours ceux qui ont
poussé dans les pépinières ou les bois dont le sol
est plus maigre que celui auquel vous les destinez.
C'est, par les mêmes raisons, la même règle que
pour les animaux. Toujours les mêmes principes
conduisent aux mêmes conséquences.

Je n'entrerai pas dans de plus grands détails sur
cette partie secondaire de l'art agricole. Si vous
avez beaucoup à planter, vous pourrez consulter
avec fruit les traités spéciaux.

XXIII° Lettre.

ÉDUCATION DES VERS A SOIE.

À Monsieur ***

Depuis quelques années des hommes, animés de
l'amour du bien public, s'efforcent de propager la
culture du mûrier et l'éducation des vers à soie,
dans le louable but d'affranchir la France du tri-
but onéreux qu'elle paie à l'étranger pour l'achat
du complément de soie nécessaire à ses manufactures. On doit applaudir à ces patriotiques efforts,
mais je le crains bien, ils n'auront pas tout le succès désirable.

La production de la soie a été abandonnée dans
certains pays où elle florissait autrefois, parce que
des causes indépendantes de la puissance et de la

colonté de l'homme ont graduellement diminué
les avantages que leur population agricole trouvait
dans cette industrie. Parmi ces causes, les principales ont été, sans doute, soit une modification de
la température habituelle, et par suite de plus fré
quentes gelées des feuilles, soit l'augmentation de
la main-d'œuvre ou bien la diminution de la population.

Toute la surface de la terre se refroidit peu à
peu ; mais ce refroidissement général est bien plus
sensible dans certaines localités où il a été hâté par
des causes connues, comme la destruction de l'abri
naturel des forêts, ou inconnues et tenant à des
phénomènes météorologiques qui échappent à l'appréciation de la science. Ce refroidissement, en faisant geler plus souvent les mûriers, a pu en causer
la mort ou au moins en a dégoûté les propriétaires ;
ils ont arraché ces arbres qui ne payaient plus leur
place aussi cher que d'autres cultures.

Déjà, de son temps, *Olivier de Serres* se plaignait
de cet abaissement de température. Il cite certains
cantons du Vivarais d'où la vigne et le mûrier ont
successivement disparu.

Le renchérissement de la main-d'œuvre a pu amener le même résultat dans bien des lieux.

Cependant, si votre climat est tempéré, vous ferez sagement de planter des mûriers de haute tige le long des avenues, et des haies de mûriers autour des champs. Lors même que vous ne voudriez pas vous livrer vous-même à l'éducation assez difficile et assujetissante des vers à soie, vous pourrez vous applaudir un jour d'avoir suivi ce conseil.

Les travaux des hommes habiles qui s'occupent de la régénération de l'industrie sérécicole porteront un jour des fruits, il faut l'espérer; cette éducation simplifiée deviendra plus facile, moins chanceuse et à la portée du plus grand nombre, et alors vous pourrez la faire pratiquer *à moitié bénéfice* par les petits cultivateurs du lieu. Ils apporteront dans cette association temporaire leur temps et leurs soins. et vous leur fournirez la matière première.

C'est seulement ainsi, je le pense. du moins, que cette industrie peut devenir d'un intérêt géaéral en France.

Comme a culture du chanvre et l'éducation des dindons, elle n'est réellement profitable qu'entre les mains de la petite culture, qui ne calcule pas le prix du temps.

Je vous dirai donc, comme à tous les propriétaires des pays où elle peut être pratiquée avec de véritables chances de succès, commencez par planter des mûriers, et puis quand votre canton en sera suffisamment pourvu, quand chaque famille de petits cultivateurs en aura assez à sa disposition pour faire une éducation en petit, alors vous devrez tenter son introduction dans la contrée au moyen de ces associations temporaires *à partage de fruits,* pratiquées pour tant d'autres éducations. Vous donnerez d'abord à une de ces familles les ustensiles et les instructions nécessaires, vous en surveillerez la première année la direction, et si l'éducation réussit, s'il en revient à ces braves gens une petite somme bien ronde et bien nette, n'en demandez pas davantage; l'année suivante ils seront les premiers à vous proposer de l'augmenter s'il est possible, et bientôt tous les voisins viendront vous prier de leur donner aussi des vers à soie à élever.

Je le répète, voilà le seul moyen vraiment efficace pour *acclimater* cette industrie en France.
Que de riches amateurs, ne calculant pas le prix de
leur temps, établissent de superbes magnaneries sur
une grande échelle, rien de mieux ; cela les occupe
agréablement et en définitive profite toujours au
pays. Mais je ne puis conseiller cette spéculation
aux cultivateurs qui, comme vous, occupés des
soins d'une grande exploitation rurale, ont un meilleur emploi à faire de leur temps.

XXIV Lettre.

BOIS

A Monsieur ***

Je n'ai pas l'intention de vous faire un cours complet de la science *forestière* par beaucoup de raisons, mais surtout parce que je ne crois pas à cette science de nouvelle création.

Les bois sont un produit spontané du sol; c'est, si je puis m'exprimer ainsi, *le cuir chevelu* de la terre. Si l'homme ou d'autres causes naturelles fort rares ne s'opposaient pas à leur invasion, la terre en serait couverte, et tout terrain abandonné à lui-même se peuple peu à peu d'arbustes d'abord et ensuite de différentes espèces d'arbres, suivant la nature du sol.

Dès lors, tout ce que peut faire l'homme, c'est de changer cette nature du sol quand cela est en son pouvoir, pour favoriser la production des espèces les plus avantageuses; c'est-à-dire, par exemple, d'assainir les cantons marécageux en donnant de l'écoulement aux eaux dont le séjour fait périr les bonnes espèces.

Hors de là, ce qu'il y a de mieux à faire, c'est d'abandonner les bois à leur mère la nature, en les préservant avec soin des atteintes de la dent des bestiaux, qui sont leurs ennemis mortels.

C'est à cette protection rigoureusement exercée qu'est dû le rétablissement des forêts de l'État en France, forêts qui, sans doute, n'existeraient plus pour la plupart si par suite de la révolution, elles n'avaient été affranchies du parcours des bestiaux et confiées à une administration sévère et éclairée.

Mais c'est surtout par la répression rigoureuse du parcours, l'assainissement des parties marécageuses et le repeuplement des parties déboisées par ces deux causes délétères, que l'administration forestière a rendu de grands services au pays.

Presque toutes ses autres tentatives ont été infructueuses quand elles n'ont pas été nuisibles.

Laissez donc à la nature le soin de vos bois, elle est leur véritable mère, elle sait mieux que les hommes ce qui leur convient.

L'*essouchement*, l'*élagage*, le *curage*, c'est-à-dire l'arrachement des *épines et des bruyères*, sont des opérations toujours coûteuses, et quand elles ne sont pas dangereuses, elles sont au moins inutiles. Je ne les ai jamais vu augmenter *le revenu net* des bois, aussi elles ont été bientôt abandonnées presque partout ou l'on a tenté de les introduire.

Assainissez donc les parties marécageuses de vos bois, replantez celles que le séjour de l'eau ou la dent des animaux ont dépeuplées, et surtout préservez-les rigoureusement de l'atteinte de vos bestiaux, puis laissez faire la nature ; étudiez et suivez attentivement ses indications pour le choix des *baliveaux* que vous destinerez à devenir de grands arbres ; elle vous les fera connaître à leur vigueur et à leur *élancement* vers le ciel, mieux que tous les traités forestiers du monde entier. Je m'arrête, je ne connais pas d'autre science *forestière* que celle-la. Toutes les tentatives d'*amélioration des bois* en dehors de ces règles naturelles constituant une espèce de violence faite à la nature, sont presque toujours vaines quand elles ne sont pas onéreuses.

Je veux en finissant vous recommander comme se rattachant plus particulièrement à l'agriculture, un excellent usage en vigueur dans certains pays et que je dois vous engager à imiter si vous avez des bois convenablement disposés pour cela, c'est-à-dire dont les souches-mères sont assez espacées entre elles.

L'année de la coupe de ces taillis, vous pourrez faire travailler à la bêche ou au pic les intervalles entre les souches, en faisant rejeter à mesure sur le terrain travaillé les brindilles, les petites épines, l'herbe sèche et les bois morts provenant de la coupe; puis, quand tout le bois exploité sera enlevé, vous ferez, par un jour sec du mois de mars, mettre le feu à ces matières combustibles réunies en petits tas et répandre les cendres sur le terrain où vous sèmerez de l'avoine ou des pommes de terre, qui pousseront avec vigueur. L'année suivante, vous y ferez du froment ou du colza, suivant l'état et la nature du sol, et puis vous abandonnerez à lui-même le taillis auquel cette opération aura fait le plus grand bien.

Il est bien entendu que, fidèle à nos invariables principes, vous ferez d'abord un essai en petit de cette méthode qui, bien qu'elle réussisse parfaitement dans beaucoup de pays, pourrait ne pas convenir à votre sol ou à vos bois par une ou plusieurs de ces raisons dont la nature a seule le secret.

XXVe Lettre.

CAPITAL D'EXPLOITATION.

A Monsieur ***

L'évaluation du *capital d'exploitation*, c'est-à-dire de la somme d'argent nécessaire pour entreprendre, avec des chances de succès, une exploitation rurale, est aussi une de ces questions que les agronomes ont le plus agité et sur lesquelles ils sont le moins d'accord. Les uns ont fixé cette somme à cent ou cent vingt francs par hectare, d'autres à deux cents francs; Mathieu de Dombasle va plus loin et veut trois cents francs par hectare....

Comme toujours, entraînés par le désir de trancher les questions et de se poser en juges absolus, ces agronomes ont encore cette fois, sans doute, oublié qu'une semblable appréciation échappe à toute règle fixe puisqu'elle doit varier à l'infini avec les circonstances qui lui servent de base, c'est-à-dire suivant le prix de fermage, de la main-d'œuvre et du mobilier aratoire en instruments, bestiaux et chevaux indispensables à un semblable établissement.

Il est évident, en effet, que là où l'hectare s'afferme quinze francs par an, où la journée moyenne d'homme est à un franc, et où l'attelage d'une charrue coûte cinq ou six cents francs au plus, il faut un capital d'exploitation bien moins élevé que dans les contrées où l'hectare vaut soixante francs de fermage, où la journée d'homme se paie un franc cinquante centimes, où un attelage de charrue coûte mille ou douze cents francs et même plus.

Dans chaque localité même, le nombre des chevaux ou des bœufs nécessaire pour façonner la même quantité de terre, peut varier d'une ferme à l'autre, suivant la nature de leur sol. Ainsi, dans telle exploitation de *deux charrues*, il faudra six chevaux ou huit bœufs, quand dans telle autre de même étendue quatre chevaux ou quatre bœufs seront parfaitement suffisants.

La même observation s'applique aux bestiaux : dans certaines contrées, le prix moyen des vaches est de cent à cent vingt francs, et celui des brebis de huit à dix francs ; dans d'autres, il est pour les premières de deux cent cinquante à trois cents francs, et pour les secondes de quinze à vingt francs et même beaucoup plus.

C'est donc à chaque cultivateur entrant dans une exploitation à évaluer d'après ces bases la somme qui lui est nécessaire.

Ainsi, quand vous saurez qu'il vous faut tant de charrues, de voitures, de herses, etc. ; tant de chevaux harnachés, tant de bœufs, tant de vaches, tant de moutons et brebis, tant de domestiques dont les gages et la nourriture se montent à tant ; telle quantité de blés de semences et de graines diverses, etc.. etc.. vous pourrez calculer tout ce que cela doit vous coûter d'après les prix ordinaires dans le pays ; puis à cette somme vous ajouterez un quart en sus et vous y joindrez le prix de fermage ou d'intérêt de votre terre. Voilà la dépense présumée de la première année.

Quant à la recette de cette même première année, vous la passerez pour *mémoire*.

Pour la seconde année, vous porterez encore en dépense les gages des domestiques, les harnais et la ferrure des chevaux, l'entretien des instruments, les achats de graines, de plâtre, etc. : vous y ajouterez le prix de fermage ou d'intérêt de la terre et vous mettrez encore la recette pour *mémoire*.

La troisième année, si vous avez su profiter de mes simples leçons et conduire votre barque avec prudence et sagesse, vous pourrez mettre, comme on dit, *les deux bouts ensemble*.

Enfin, la quatrième année seulement, il vous sera permis d'espérer un mince bénéfice net ; mais aussi, à compter de ce moment, il ira sans doute en augmentant tous les ans, et vous dédommagera des peines et des épreuves du début.

Il est bien entendu que ce calcul est applicable seulement aux localités de pauvre culture, où le cultivateur, débutant comme vous, trouve un sol épuisé par une longue abstinence et par une absurde routine.

Je n'écris pas ces leçons pour les pays où l'agriculture est en pleine prospérité, et où, pour entrer dans une exploitation comme *fermier*, il faut beaucoup plus d'argent qu'il n'en faudrait pour acheter la même étendue de terre dans une contrée comme celle où vous allez cultiver.

Gardez-vous donc bien de ces illusions *dorées* auxquelles s'abandonnent si imprudemment tant de cultivateurs novices : ils comptent dès la première année sur des bénéfices considérables et certains.

Sur le papier c'est magnifique !

Je récolterai tant d'hectolitres de blé à tant, fait tant, ci . . . . tant

Tant de milliers de fourrage à, ci. . . tant

Tant de, etc., à, ci. . . . . . . tant

        Recette totale . . . tant

La dépense se monte à, ci . . . . . tant

        Reste en bénéfice. . . tant

C'est-à-dire, bien souvent, reste..... un désappointement complet ! ! !

Heureux encore quand cela se borne là, et quand une ruine totale n'est pas le résultat définitif de tous ces beaux rêves agricoles.

Et puis l'on accuse l'agriculture ; on rend la terre responsable de mécomptes et de revers dus à l'inexpérience, à l'entêtement ou à la folie des hommes. Certes on s'abuserait étrangement en croyant que l'agriculture est un moyen de faire promptement fortune ; elle est, de toutes les industries, la plus sûre, la plus agréable et la plus digne de l'homme sans doute, mais elle en est aussi la moins lucrative peut-être, parce que ses opérations sont soumises à une certaine durée qui ne permet pas de les renouveler souvent comme les opérations commerciales.

Le négociant, s'il gagne en vendant des pains de sucre, peut recommencer sans cesse ses achats et ses ventes, et saisir les occasions favorables pour ces diverses transactions.

Si le cultivateur fait un bénéfice en vendant son blé, il ne peut en vendre que ce qu'il en a récolté, et il lui faut une année entière pour renouveler cet objet d'échange. Il ne peut donc faire qu'une seule

spéculation sur le blé par an : il a le même désavantage dans toutes ses autres opérations.

Pendant qu'il met quatre mois a engraisser un
lot de moutons ou de bœufs sur lequel il fera
un bien petit bénéfice, le marchand de bestiaux
pourra vendre vingt lots de moutons ou de bœufs
sur chacun desquels il fera un bénéfice égal ou
peut-être même supérieur à celui de l'engraissement.

J'ai insisté sur cette comparaison si désavanta-
geuse à l'agriculture pour ne vous laisser aucune
de ces illusions auxquelles s'abandonnent si volontiers les agriculteurs débutants.

Oui, certes, avec du travail, de l'ordre, de l'é-
conomie, une sage et rationnelle pratique, et surtout avec un *capital d'exploitation* suffisant, l'homme
des champs doit trouver dans les produits du sol
une juste rémunération de ses peines et de ses efforts ; mais, je le répète, il se tromperait cruelle-
ment s'il espérait trouver dans l'agriculture un
moyen de rapide et brillante fortune : elle ne sera
même pour lui une source abondante de jouissances pures et de douces satisfactions en même temps

que d'aisance et de bien-être qu'à l'expresse et rigoureuse condition d'être toujours en position de
faire face à toutes les exigences pécuniaires de son
exploitation, et de ne se trouver jamais à la merci
d'un manque de récoltes ou d'une mortalité de
bestiaux.

L'agriculture besogneuse et dépendante des ca-
prices du sol ou des saisons est le plus misérable
et le plus sot des métiers.

Il vaut mieux cent fois être valet de charrue que
laboureur moins fort que sa terre.

Et ce n'est pas d'aujourd'hui que les agriculteurs
éclairés et prudents pensent ainsi : *Columelle*, il
y a deux mille ans, prononçait cette sentence que
le temps et l'expérience ont toujours confirmée :

*Le laboureur doit être plus fort que le champ ; s'il
est plus faible, il sera écrasé.*

XXVIᵉ Lettre.

PLAN DE CULTURE.

A Monsieur ***

Sans prétendre vous imposer à l'avance un *plan de culture* invariable, ce qui serait entièrement opposé à nos principes, vous devrez cependant vous poser un but principal dans l'exploitation de votre domaine. Vous serez déterminé dans ce choix par la position topographique et la nature du sol, et par les circonstances et les habitudes locales. En général, le parti le plus sage, c'est de se livrer d'abord, parmi les diverses branches de l'industrie agricole, à celle le plus habituellement pratiquée dans la contrée; cette industrie ne s'est pas ainsi implantée dans le pays sans quelques bonnes raisons dont il serait imprudent de méconnaître la puissance avant un mûr examen préalable.

Mais en vous conseillant d'adopter au début le moyen le plus ordinaire dans le pays, de réaliser en argent les produits du sol, c'est-à-dire de vous livrer de préférence à l'éducation des bestiaux ou à la culture des céréales, suivant la facilité et les avantages avec lesquels ces diverses denrées s'y écoulent, je n'entends nullement vous engager à imiter les cultivateurs indigènes dans les moyens qu'ils emploient pour obtenir ces produits. Dieu m'en garde et vous aussi.... Vous devrez *marcher au même but, mais par des chemins différents*, et d'autant plus différents, que les méthodes locales seront plus opposées à la saine pratique et aux principes naturels sur lesquels elle se base en tous lieux.

Cependant, lors même qu'au premier coup d'œil ces méthodes locales vous paraîtraient absurdes, gardez-vous de les condamner, hautement et d'emblée, en vous érigeant en censeur impitoyable de coutumes dont vous ne connaissez ni l'origine ni la cause. En agissant ainsi, vous pourriez vous préparer des mécomptes et des déboires toujours fâcheux.

Ne jugez pas une terre inconnue à son seul aspect, et ne dites pas en présence des laboureurs du lieu : *voilà un champ où la luzerne et le trèfle viendront parfaitement bien;* et s'ils hochent la tête en répondant : *il ne veut pas de ces herbes*, n'ajoutez pas : *je lui apprendrai bien à en vouloir, moi*....... Vous pourriez avoir le dessous dans cette espèce de gageure, et les rieurs ne seraient pas de votre côté; car il est des terres qui, malgré la meilleure apparence, se refusent obstinément à certaines productions, et si l'on peut à la rigueur vaincre leur obstination, cette amélioration forcée est presque toujours plus coûteuse que profitable.

Examinez donc tous vos champs avec soin, sans vous prononcer sur leur mérite apparent, et en écoutant attentivement le jugement porté sur chacun d'eux par les hommes qui depuis longtemps l'ont travaillé et mis à l'épreuve.

Parmi les assertions ordinairement dénigrantes et décourageantes de ces anciens colons, vous de-

vrez *en prendre et en laisser*, comme on dit; c'est-
à-dire chercher à distinguer le bien d'avec le mal
et le vrai d'avec le faux. Au reste, il y a presque
toujours quelque chose à gagner dans la conversa-
tion de ces laboureurs indigènes dont la rude écorce
cache parfois un admirable bon sens et un tact
agricole exquis et sûr.

En général, il y a toujours du vrai dans leurs
appréciations, et si vous ne devez pas accorder à
leurs sentences la force de *la chose jugée*, vous devrez les prendre en grande considération.

Ainsi, ce champ où ils n'ont jamais semé que du
seigle, et qui vous paraît propre au froment, il y a
tout à parier que vous pourrez lui en faire produire,
mais qu'en définitive et tout compte fait, il rapportera moins en froment qu'en seigle. Basez-vous
donc, pour dresser votre *plan de culture*, sur les
habitudes locales; classez vos champs suivant leur
renommée dans le pays et confiez-leur d'abord les
plantes qu'ils *aiment de préférence* au dire des colons du lieu, tout en vous réservant, bien entendu,
de changer ce plan et ces cultures à mesure que
l'expérience vous mettra dans le cas de substi-

tuer victorieusement votre propre conviction aux idées et aux préjugés locaux.

Ainsi vous agirez sagement, ainsi vous marcherez à votre but d'un pas plus lent, sans doute, mais aussi plus ferme et plus sûr... ainsi vous arriverez au succès durable.

J'ai vu bien des jeunes agriculteurs avides d'innovations et dédaigneux des conseils de l'expérience, suivre une route tout opposée à celle que je vous conseille ici. Enflés de théorie et pleins d'un superbe mépris pour les pratiques locales, ils allaient, à les entendre, enfanter des miracles ; d'un coup de leur baguette, le sol le plus maigre se couvrirait de luxuriantes moissons ; à leur voix, l'argile et le sable se changeraient en or.

Je n'ai fait que passer, ils n'étaient déjà plus....

XXVIIe Lettre.

ENTRÉE EN EXPLOITATION.

*A Monsieur ***

Après avoir visité et attentivement examiné tous vos champs, vous les classerez suivant la nature du sol, avec une mention pour chacun de son étendue et des qualités ou des défauts qu'on lui attribue dans le pays.

Quand vous connaîtrez ainsi l'étendue totale des terres de votre exploitation et la proportion relative des sols argileux, siliceux ou calcaires, vous aurez à comparer la quantité d'engrais que peuvent produire les bestiaux existant dans la ferme, avec les besoins présumés de votre exploitation.

Ici se présente dans toute sa force cette difficulté

dont nous nous sommes déjà occupés, de l'appréciation de la somme réelle de fumier produite par les divers animaux de basse-cour.

Les agronomes sont aussi loin de s'accorder sur ce point important que sur tous les autres. Thaër estime en règle générale qu'un cheval, un bœuf ou une vache produit en fumier *le double du poids de la nourriture sèche* qu'il consomme.

Il est fâcheux que cette donnée si simple soit complétement démentie par d'autres agronomes recommandables, dont l'un élève le poids du fumier produit *à plus du triple de celui des aliments consommés* (1).

La même incertitude se présente dans la question de la quantité de fumier nécessaire pour féconder suffisamment une étendue donnée de terrain. Les évaluations varient souvent de plus de moitié, et cette différence se comprend mieux encore que la première.

En effet, que l'on évalue la quantité de fumier au *mètre* ou au *kilogramme*, la valeur intrinsèque

____

(1) M. Caffin d'Orsigny, note déjà citée.

fécondante du mètre ou du kilo peut varier à l'infini, suivant la nature de l'engrais, son état de décomposition plus ou moins avancé, la quantité d'eau qu'il contient, etc.

Enfin la puissance des engrais varie encore avec la nature du terrain, et quand Thaër prétend qu'*ils représentent dans tous les sols la même force productive*, il est évidemment dans l'erreur : la *force* des engrais dans le sol dépend surtout des circonstances locales et des combinaisons diverses des éléments constitutifs de chaque sol. Ce sont ces circonstances et ces combinaisons qu'il faudrait pouvoir reproduire exactement pour obtenir partout la même force productive d'une quantité d'engrais donnée. L'action *mécanique* du fumier, action si puissante sur la fertilité, se développe plus ou moins, suivant la résistance que lui oppose la cohésion des molécules terreuses, cohésion variable à l'infini, comme la proportion des diverses substances dont chaque sol est composé.

En présence de cette impuissance actuelle de la science, ce qu'il y a de mieux à faire, c'est de procéder par comparaisons et par expériences.

Ainsi, par exemple, si dans votre exploitation les anciens colons fumaient dix hectares de terre avec le nombre de bestiaux actuellement existant dans la ferme, vous aurez à examiner quelle était la puissance de leur fumure ordinaire, comparativement à celle que vous croyez devoir donner habituellement à vos champs.

A l'aide de cette comparaison, vous arrivez aisément à connaître, à peu de chose près, la quantité d'hectares que vous pourrez fumer avec ce même nombre d'animaux.

Vous devrez, dans cette évaluation, tenir compte de l'état de décomposition plus ou moins avancée du fumier au moment de son emploi, ainsi que la différence que vous pourriez avoir apportée dans le régime de vos bestiaux et dans la durée du temps qu'ils passent à l'étable.

Je n'en doute pas, vous serez effrayé d'abord de la petite étendue de terre à laquelle vous pourrez donner tout l'engrais nécessaire; et comment pourrait-il en être autrement quand les anciens colons semaient les deux tiers au moins de leurs blés d'hiver sans fumier, et en donnaient à peine à l'au-

tre tiers la moitié de ce dont il avait réellement
besoin.

De cette funeste insuffisance d'engrais naîtra
pour vous la nécessité d'augmenter le plus vite
possible le nombre de vos bestiaux, et vous viendrez alors vous heurter contre une des plus grandes difficultés d'un début agricole dans un pays de
pauvre culture. Car si, pour avoir plus d'engrais,
il faut nourrir plus de bestiaux, pour nourrir plus
de bestiaux, il faut plus de paille et de foin, et pour
avoir plus de paille et de foin il faudrait avoir plus
d'engrais et par conséquent plus de bestiaux, etc.
Comment sortir de ce cercle vicieux dans lequel
tourne de temps immémorial l'impuissante routine
agricole des plus belles contrées de la France.

Que font alors beaucoup d'agriculteurs débutants? ils imitent un exemple célèbre :

Si parva licet componere magnis.

Ne pouvant délier ce *nœud gordien*, ils le tran-
chent en achetant des engrais ou bien du foin pour
pouvoir tout de suite augmenter le nombre de leurs

bestiaux. L'achat direct d'engrais est presque toujours une bonne opération, mais comme il est très peu de localités où on puisse recourir à cet excellent moyen de parer à l'insuffisance de ses propres ressources en ce genre, nous n'avons pas à nous en occuper.

L'achat de foin et de paille pour augmenter le nombre de ses bestiaux est au contraire une manière toujours fort onéreuse de se procurer des engrais. Il faut pouvoir acheter ces denrées à bien bas prix pour qu'il n'y ait pas un immense désavantage dans cet échange, et par conséquent, à moins que vous ne soyez dans une position exceptionnelle à cet égard, je ne vous conseillerai jamais une semblable opération.

Vous devrez donc suivre la voie rationnelle que nous indique la nature, c'est-à-dire faire du foin d'abord. *Pour agir sagement, il faut que le cheval vienne après le foin, car c'est le foin qui fait d'abord le cheval, ensuite le cheval aide à faire le foin.* (PHYSIOLOGIE DE LA TERRE.)

Primo pascere, a dit Caton, c'est là une de ces règles fondamentales sur lesquelles se base en tous lieux la saine pratique, et l'on ne saurait la méconnaître sans s'exposer à de cruels et rudes mécomptes.

Votre premier soin sera donc de vous mettre en mesure de pouvoir augmenter promptement le nombre de vos bestiaux en semant le plus de prairies artificielles et en cultivant le plus de racines que cela vous sera possible dès la première année.

Vous consacrerez à ces cultures vos champs les meilleurs et les moins infestés de mauvaises herbes; vous leur appliquerez la majeure partie des engrais disponibles, et vous ne sèmerez de céréales que la quantité strictement nécessaire pour la consommation dans la ferme. Du reste cette opération, commandée par les circonstances impérieuses du moment, doit être considérée comme une exception tout à fait en dehors des règles générales dont nous avons seulement à nous occuper. En vous la conseillant, j'ai voulu seulement vous rappeler encore qu'avant toute autre chose il faut du foin en agriculture, et que la meilleure manière de s'en procurer, c'est de le faire venir et non de l'acheter.

Dès lors vous devrez au début sacrifier toutes les autres cultures à celle des plantes alimentaires pour les bestiaux, et favoriser leur réussite par tous les moyens en votre pouvoir. Cette difficulté temporaire une fois surmontée, vous rentrerez alors dans le cercle ordinaire d'une sage et profitable culture, et, si dans ce cercle les plantes fourragères doivent toujours tenir le premier rang, du moins elles n'exigent plus alors cette priorité exclusive que nous avons dû leur accorder en commençant comme à la base première et principale de tout l'édifice que nous voulions élever. *Primo pascere.*

XXVIIIe Lettre.

DIVISION DU SOL D'EXPLOITATION.

A Monsieur ***

Tous les auteurs qui ont écrit sur l'agriculture, depuis le commencement de la controverse sur la question des assolements, se sont particulièrement occupés de la division des champs de l'exploitation en portions à peu près égales, auxquelles ils ont conservé le nom de *soles* consacré par l'usage. Le nombre de ces *soles* varie comme la durée des *assolements*, c'est-à-dire à l'infini : à l'assolement de quatre ans il faut quatre soles; à celui de six il en faut six, et en outre il y a toujours une sole ou deux *hors d'assolement.*

Quelques auteurs conseillent de diviser le terrain

d'exploitation d'abord en *soles principales* que l'on subdivise ensuite. Ainsi Thaër veut trois grandes *soles*, qu'il nomme *intérieures*, *extérieures* et *accessoires ;* puis il les subdivise en soles de *pâturage*, de *semaille*, de *jachère*, etc. etc.

Sans nul doute Thaër, agriculteur aussi savant en théorie qu'habile dans la pratique, avait, dans cette division, adopté celle qui convenait le mieux à son exploitation ; mais je m'étonne qu'un esprit aussi judicieux n'ait pas pensé que ce qui était très rationnel et très avantageux dans telle localité pouvait être fort absurde et fort dangereux dans telle autre.

Ici encore, la *règle fixe* appliquée à l'agriculture, art essentiellement variable dans son application, est complétement en défaut.

Aussi, tous les auteurs qui ont voulu imiter l'exemple de Thaër ont fait comme lui fausse route, en voulant soumettre aux entraves de la règle ce qui, par sa nature, est nécessairement arbitraire et variable.

La *division* du sol en *parcelles arables*, c'est-à-dire en *champs*, doit varier à l'infini dans chaque exploitation, suivant la nature du sol d'abord, et ensuite selon la spéculation agricole à laquelle on s'y livre de préférence.

Aussi, dans le système de *pratique agricole* que je m'efforce de faire prévaloir comme le seul reposant sur une base naturelle, large, solide et inattaquable dans ses principes, dans l'*agriculture libre* enfin telle que je la professe après l'avoir pratiquée pendant vingt ans, les avantages de la division du terrain par *soles* ou par *champs* se bornent à la classification par *nature* et par *étendue* de chaque parcelle à laquelle on donne un numéro d'ordre pour faciliter la tenue de la comptabilité.

Vous devrez donc procéder avec soin à cette *division* ou plutôt à cette *classification* de chacun de vos champs, en les égalisant autant que possible en étendue et surtout en qualité, c'est-à-dire en faisant en sorte que chaque parcelle soit d'une nature à peu près identique. Par conséquent, si vous avez un champ de quatre hectares dont un quart soit en *terre légère* et les trois autres quarts en *terre forte*, comme cela se voit souvent, vous le diviserez en deux parcelles inégales, afin de pouvoir appli-

quer à chacune le régime particulier qui lui convient le mieux.

Ensuite vous donnerez à chaque parcelle son
numéro et sa classification comme suit :

N° 1. *Champ de* ***, *fonds argilo-calcaire, sous-
sol marneux peu perméable, mouillé l'hiver, sujet
à la rouille,* etc. etc.

Autant que possible vous augmenterez le nombre
de vos champs aux dépens de leur étendue, sans
cependant réduire cette dernière de manière à nuire
à l'économie rurale. Si par exemple vous cultivez
cent vingt hectares divisibles à votre gré, vous ferez mieux de les morceler en vingt parcelles de six
hectares qu'en dix de douze, lors même que le genre
de vos cultures ne nécessiterait pas une aussi
grande division.

En effet, en séparant en plusieurs pièces chaque
sorte de culture, vous égalisez les chances pour
toutes. Si votre froment se trouve placé dans un
seul champ de vingt hectares, toute cette récolte
court les mêmes risques de saisons contraires, d'accidents fortuits et de grêle. Si au contraire vous
avez cinq champs de froment de quatre hectares

chacun éparpillés sur votre exploitation. ils ont chacun leurs chances diverses. et, si elles sont mauvaises pour l'une de ces parcelles, elles peuvent être bonnes pour une ou plusieurs des autres. Le même raisonnement s'étend à toutes les cultures, et n'est du reste que l'application d'un *proverbe agricole* aussi connu qu'il est sage et vrai :

Il ne faut pas mettre tous ses œufs dans le même panier.

XXIXe Lettre.

SUCCESSIONS DE CULTURES.

*A Monsieur ****

J'ai cherché à expliquer, dans la *Physiologie de la terre*, pourquoi le sol se refuse habituellement à nourrir deux années de suite le même genre de plantes.

Depuis que l'on cultive sur la terre, on avait reconnu la puissance de cette loi naturelle, et les anciens auteurs s'étaient bornés à conseiller aux cultivateurs de se conformer aveuglément à ses prescriptions sans s'efforcer d'en rechercher l'origine et la cause.

Aujourd'hui on ne se contente pas d'être d'accord sur ce fait incontestable, on veut absolument arracher à la nature le secret tout entier de ce singulier caprice de la terre.

Tous les agronomes et les chimistes se sont évertués à l'envi pour éclaircir ce mystère, et jusqu'à ce jour, de tous leurs efforts, il n'est résulté qu'un peu plus d'obscurité dans la question.

Thaër la complique beaucoup : selon lui, pour qu'un genre de plantes réussisse sur un sol donné, ce sol *doit contenir dans une certaine proportion des substances élémentaires convenables à cette plante; dès lors, une plante qui emploie pour sa nourriture une proportion opposée de substances élémentaires peut précisément, en absorbant ces substances, rétablir la vraie proportion qui convient à une autre, en sorte que celle-ci réussisse mieux sur ce terrain que si la première n'y avait pas regété, et si l'on n'avait rien ôté aux sucs qu'il contenait.*

L'opinion de Liebig est plus simple et plus naturelle sans être, je le crois, plus décisive. Cet habile et célèbre chimiste prétend au contraire, dans les lettres si remarquables qu'il vient de publier sur la chimie, que *si le sol se refuse à produire longtemps le même genre de plantes, c'est parce qu'il s'épuise de silicate de potasse et de phosphate de chaux, qui sont d'indispensables éléments constitutifs de ce genre de plantes.* Il va plus loin, il nie *la nécessité absolue, pour rétablir la fertilité d'un sol, d'engrais riches en ammoniaque, considérés uniquement sous le rapport de l'azote qu'ils contiennent,* tandis qu'il faut absolument lui rendre les *principes minéraux* dont il a été épuisé. Ainsi, contrairement aux assertions de *Dumas, Payen* et *Boussingault,* ce n'est pas l'azote qui constitue principalement cette fertilité du sol indispensable au succès de certaines plantes, telles que les céréales, par exemple, ce sont les silicates de potasse et les phosphates de chaux, etc. etc.

Applaudissons tous aux louables efforts de ces hommes de science et de talent dont les veilles sont consacrées à de si utiles recherches; mais, avant de baser notre pratique sur leurs ingénieuses théories, attendons d'abord qu'ils soient d'accord, et ensuite que le temps et l'expérience aient sanctionné leurs découvertes.

Nous nous en tiendrons donc encore aujourd'hui à cette simple explication de la nécessité de l'*al-*

ternat des récoltes : « elle est basée sur cette immuable loi de la diversité des proportions des corps simples dont ils sont composés. Or, les végétaux s'assimilant seulement les matières qui ont de l'analogie, de l'affinité avec leur propre substance , il résulte évidemment de ce fait physiologique incontesté cette conséquence naturelle : qu'un genre de plante épuise le sol de l'espèce de substances qui lui convient, et lui laisse tout entières celles qui conviennent à d'autres genres. »
(Voir la Physiologie de la Terre, pag. 341 et suivantes.)

Il est donc actuellement inutile de chercher a approfondir prématurément cette question ; nous savons que la terre, nourrissant les divers végétaux de *sucs différents* ou plutôt *différemment élaborés* , s'épuise plus ou moins vite de ce genre de sucs, et ne peut plus par conséquent en fournir à la plante à laquelle ils sont indispensables, si on ne l'aide pas à réparer cette perte par une nourriture appropriée et par le repos. Mais, si ce sol épuisé de ce genre de sucs devient stérile relativement à cette espèce de plantes, il conserve toute sa fertilité pour celles qui se nourrissent différemment, et souvent

même cette fertilité se trouve encore augmentée
pour elles par le passage de la première récolte,
qui, en échange des sucs qui lui sont propres, a
laissé dans le sol des détritus de feuilles et de
racines que la décomposition rend assimilables aux
plantes qui lui succèdent.

Cette explication de la différence si marquée dans
la fertilité relative du même sol, suivant la nature
des plantes qu'il nourrit successivement, doit nous
suffire, et c'est à vous maintenant à appliquer cette
règle avec prudence et discernement. Vous y parviendrez aisément en ne perdant jamais de vue les
principes généraux de l'assimilation végétale, et
surtout en vous efforçant de bien connaître le véritable état de santé de votre terre, pour opposer à
son épuisement les remèdes convenables. Souvent,
en effet, une fumure complète ne suffira pas pour
restaurer un sol épuisé, il lui faudra absolument du
repos et des soins de propreté, et c'est ici que reparaît encore avec tous ses avantages la comparaison que j'ai faite de la terre avec un animal vivant (Physiologie de la Terre, page 353).

Cette comparaison, vous ne la perdrez jamais de

vue, et, dans vos études pour la meilleure *succession de cultures*, vous devrez la prendre en aussi grande considération que l'espèce et la nature des plantes se succédant entre elles.

En effet, quoi qu'en aient dit et en disent encore des agronomes instruits en théorie, mais étrangers à la *pratique*, la *succession de cultures* la mieux entendue, aidée d'une application intelligente d'engrais convenables, ne suffit pas toujours pour maintenir la terre dans cet état de fertilité supérieure qui ne laisse rien à désirer.

Pas plus que le cheval parfaitement nourri, la terre très abondamment fumée ne peut se passer absolument de repos. Sans doute, dans cet état d'*excitation contre nature*, elle donnera d'abondants produits : les plantes y prendront plus de développement en *fanes* et en *racines*, mais la qualité du grain et celle des racines et des plantes fourragères sera bien inférieure, toutes choses égales d'ailleurs, à celle de mêmes plantes confiées à un sol soumis à un régime dans lequel le repos entre comme une indispensable condition d'hygiène.

Pour mieux corroborer dans votre esprit cette

opinion si vraie et si importante, je veux encore l'étayer d'une nouvelle preuve toujours puisée dans cette comparaison que j'ai faite, et jusqu'ici suivie sans faillir, de l'*action* de la terre avec celle de l'organisme vivant. En effet, cette exhubérance de fertilité du sol, produite seulement par l'excès d'engrais, ressemble en tous points à l'état d'ivresse et de plénitude causé dans l'homme par l'abus des aliments et de la boisson. La terre est alors, comme lui, *poussée de nourriture*, suivant l'énergique expression soldatesque ; aussi sa fertilité est dénaturée, et ses produits sont *anormaux*, comme la force de l'homme ivre est factice et ses efforts impuissants et déréglés.

On peut même, en poussant cet excès d'aliments à ses dernières limites, réduire la terre comme l'homme à cet état d'inertie complète et d'impuissance absolue en tout semblable à la mort.

Le sol devient infertile par la surabondance des matières qui constitue la fertilité, comme l'homme perd sa force et son intelligence par l'abus des substances qui doivent les entretenir. Ils sont alors tous les deux *ivres-morts.*

Dans la juste appréciation de ces symptômes divers et des remèdes à leur opposer dans la santé ou l'*hygiène* de la terre, réside presque toute la *science agricole*, science libre, science d'inspiration que l'on s'efforce en vain d'enserrer dans le cercle étroit des formules et des aphorismes.

Le cultivateur intelligent et bien pénétré des vrais principes de son art, en examinant avec soin l'état de sa terre, en comparant, dans la récolte dont elle est chargée, la proportion des *tiges* et *fanes* avec celle du *grain*, en prenant en sérieuse considération le nombre et l'espèce de *plantes parasites* qui commencent à l'infester, ainsi que le genre des récoltes qu'elle a successivement portées dans les années antérieures, *aura l'inspiration* du remède qui lui convient. Il saura s'il doit lui donner un repos absolu, ou bien, avec une fumure ou des amendements convenables à son état maladif, lui imposer encore une charge appropriée *à la nature de sa faiblesse.*

Je l'ai déjà dit et répété, et je crois devoir le répéter encore, la *science des livres* est impuissante pour donner seule ce *tact agricole*, précieuse conquête d'une pratique sage, raisonnée et basée sur la simple théorie que nous enseigne l'étude des voies suivies par la nature dans la production de la *matière végétale*.

Et pourquoi donc l'agriculture ferait-elle exception à la règle générale? Si c'est seulement *en forgeant que l'on devient forgeron*, pourquoi pourrait-on devenir bon cultivateur sans avoir longtemps et *curieusement* cultivé?

Ce sera donc seulement en faisant vous-même sur votre terrain l'application patiente et raisonnée de ces *principes généraux d'agriculture*, dont je me suis efforcé de vous faire comprendre et apprécier la toute puissance absolue, que vous parviendrez à bien juger du véritable état de chacun de vos champs, et à lui appliquer chaque année, avec discernement et prudence dans la *succession des cultures* qui lui conviennent le mieux, celle que ses efforts antérieurs et son état actuel de santé vous indiquent comme devant avoir la plus favorable influence sur sa fertilité à venir.

Arrière donc, encore une fois, arrière tous ces *assolements* de toute nature, de toute durée et de

noms divers dont tous les auteurs sont si prodigues!
Arrière *toutes ces règles fixes* en agriculture et toutes les *successions de culture* classées et imposées
d'avance au sol, comme s'il était invariable dans sa
nature et infaillible dans sa puissance!

Notre agriculture à nous, c'est l'hygiène de la
terre, c'est-à-dire le soin de l'entretenir toujours
en bon état de santé et de fécondité. L'*hygiène terrestre* est donc forcément *un art libre* comme la
médecine humaine, c'est-à-dire un art d'appréciation, et par suite d'application variable.

A chaque champ comme à chaque individu, le
régime et les remèdes convenables à sa constitution et à son état actuel de santé.

Ce régime et ces remèdes devront même changer
pour chaque individu et chaque champ, suivant
les variations survenues naturellement ou acciden-
tellement dans leur constitution ou dans leur santé.

Par conséquent il est aussi impossible de fixer
d'avance cette hygiène pour le champ que pour
l'homme; c'est au praticien agricole comme au praticien médical à faire avec discernement l'application des principes généraux de la théorie de leur

art à tous les cas particuliers que leur présente la pratique. Ces cas varient à l'infini, non seulement avec les unités, mais même dans chaque unité. Dès lors, peut-on raisonnablement admettre des prescriptions fixes formulées d'avance pour l'hygiène de tel champ plutôt que de tel individu.

Que penserait-on d'un médecin qui prescrirait dans ses ouvrages un *régime périodique invariable pour les sujets sanguins* et un autre pour les *bilieux?* Fait-il autre chose cependant, l'auteur géoponique qui impose à telle nature de terre un *assolement* ou traitement invariable de six ou huit années comme celui-ci, par exemple? première année, blé fumé avec graine de trèfle; deuxième année, trèfle; troisième année, avoine; quatrième année, pommes de terre fumées; cinquième année, vesce d'hiver; sixième année, blé avec trèfle, etc., etc. J'ai formulé *cette succession de culture* comme une des plus rationnelles et des plus productives peut-être que l'on puisse se proposer dans certains cas, mais ce serait folie de la conseiller comme devant être suivie exactement. Ainsi, ne peut-il pas arriver que la récolte de *trèfle* soit faible ou mauvaise?

Dans ce cas, ce serait une faute grave de la faire suivre d'une récolte d'*avoine*, qui porterait à la fertilité du sol une atteinte dont il pourrait se ressentir longtemps. Ne serait-il pas plus sage et plus conforme aux vrais principes de substituer à cette récolte épuisante d'*avoine* une culture améliorante qui purgerait le sol des herbes parasites auxquelles la faiblesse du *trèfle* aurait facilité l'invasion du sol? etc., etc.

Je pourrais m'appuyer sur bien d'autres exemples pour vous démontrer l'impossibilité absolue d'imposer à la pratique les entraves de la théorie, comme on a trop essayé de le faire dans ces derniers temps; oui, certes, la théorie doit précéder la pratique, mais pour l'éclairer seulement, et pour l'aider dans l'appréciation des circonstances diverses qui doivent diriger le cultivateur dans sa conduite agricole. Il est donc impossible que cette ligne de conduite soit tracée d'avance, puisque ces circonstances dont elle dépend peuvent varier à l'infini.

L'agriculture serait une science trop facile si on pouvait la trouver ainsi tout écrite et toute formulée dans les livres. Les *principes généraux* des arts sont seuls du domaine de l'enseignement oral ou biblique; la pratique ne peut s'en apprendre que par un exercice habituel et prolongé, et par l'étude et l'imitation des bons exemples.

En vain un jeune peintre connaîtrait toutes les règles générales de son art, il ne deviendra un véritable artiste qu'en usant ses pinceaux à appliquer ces règles sur la toile; de même l'élève agriculteur, tout boursouflé d'agronomie au sortir de l'école, ne sera un véritable cultivateur qu'après avoir longtemps fait dans les champs une application raisonnée des principes théoriques qu'il a puisés dans les livres et dans l'enseignement oral.

Aussi, toutes les fois qu'il s'agira de ces appréciations variables, je me garderai bien de vous dire : vous devrez agir de telle ou telle manière; je vous engagerai seulement à vous baser, dans ces appréciations sur les *principes généraux* de l'art, principes immuables que le cultivateur habile et prudent n'interroge jamais en vain, car pour lui, à toutes les questions, ils trouvent une réponse, à toutes les difficultés une solution.

XXXe Lettre.

NETTOIEMENT ET PROPRETÉ DU SOL.

A Monsieur ***,

Si vous achetiez une vache étique et mangée de vermine, comme il ne s'en trouve que trop dans les pays de pauvre culture, votre premier soin serait bien certainement de la débarrasser des parasites qui la dévorent, et dont la présence annonce un affaiblissement graduel de l'énergie vitale; aussi vous ne parviendriez à l'en délivrer complétement qu'en améliorant sa constitution générale, et en la rétablissant peu à peu dans son état normal par un meilleur régime de nourriture et d'hygiène.

Les mauvaises herbes sont la *vermine parasite* de

la terre arable, et leur abondance annonce aussi l'épuisement de sa fertilité.

J'ai dit dans la *Physiologie de la terre : Plus la terre est maigre et lasse, plus les mauvaises herbes l'infestent et la dévorent comme la vermine les animaux débiles et mal nourris, comme la mousse et le gui les arbres languissants.*

Cette assertion est vraie, et, bien qu'elle ait été mise en doute par un journal agricole (1) dans le *compte-rendu* de mon ouvrage, je la maintiens comme incontestable, et j'en appelle sur ce point à tous les praticiens éclairés.

Mais, dit ce journal, *quand la terre est grasse et reposée, les mauvaises herbes y poussent avec bien plus de vigueur que lorsqu'elle est infertile et lasse.* Oui, certes, si vous semiez des mauvaises graines dans un sol gras, ou si vous l'abandonniez seulement à la nature, les herbes inutiles y pousseraient avec plus de force que dans un sol maigre. Mais vous déplacez ainsi la question. L'abondance des mauvaises herbes est une preuve de lassitude,

____

(1) *Moniteur de la propriété et de l'agriculture.*

d'épuisement dans la *fécondité utile* du sol, quand, malgré tous nos efforts, elles étouffent les plantes que nous lui avions confiées.

Ainsi, quand, après avoir semé du blé dans une terre *bien fumée*, le cultivateur expérimenté voit les *coquelicots*, les *bleuets*, les *mélampyres*, etc., etc., envahir son champ et étouffer son blé, quoiqu'il eût *bien levé*, il se dit : *ma terre est lasse*. Oui, sa terre est *lasse*, et cependant elle regorge du fumier qu'il vient d'y mettre ; mais ce n'est pas de nourriture qu'elle a besoin, c'est de repos. Je l'ai déjà dit, et je le répète encore, le fumier ne peut pas plus remplacer le repos pour le sol que la nourriture le sommeil pour les animaux.

Oui, cette terre, qui, refusant de nourrir les plantes utiles que nous lui avons confiées, se couvre d'une luxuriante végétation de mauvaise herbes, est *lasse* dans le vrai langage agricole ; elle s'est épuisée des sucs *utilement féconds* par un trop long travail, pendant lequel nous lui avons prodigué des façons et des engrais qui n'ont pu remplacer entièrement la jachère complète. Ce régime contre nature a occasionné un dérangement dans l'élaboration des matières alimentaires contenues dans le sol, et par suite une altération des sucs nourriciers, altération qui, en les rendant impropres à l'alimentation des végétaux utiles, favorise au plus haut point au contraire le développement des herbes parasites et nuisibles.

De même, dans la machine animale épuisée par la fatigue et un mauvais régime, les aliments mal digérés ne servent plus à la production de la chair, de la graisse ou du lait, et le sang et les autres sucs nourriciers subissent alors une altération qui les rend propres à la nourriture de la vermine parasite.

Toujours les mêmes principes amènent les mêmes conséquences. Dans toute machine organique, quand l'effet utile cesse ou se modifie par une cause quelconque, l'effet nuisible commence et se développe dans une proportion égale à l'affaiblissement de l'effet utile.

La machine fonctionne toujours; mais dans ce cas le sol, impuissant à nourrir les végétaux précieux, se couvre d'une végétation nuisible qui l'épuise de plus en plus, et l'animal, incapable de produire de la chair, de la graisse ou du lait, livre ses sucs altérés à la vermine qui le dévore.

Enfin, pour achever la comparaison, l'organisme animal et le sol arable, ces deux grands producteurs des aliments indispensables à l'existence de l'homme, sont toujours plus naturellement disposés à la production de la vie *parasite*, ennemie de la vie humaine, qu'à celle des substances utiles à cette dernière.

Ainsi l'a voulu cette loi dont la toute-puissance éternelle a mis l'existence de l'humanité et de tout ce qui lui est nécessaire, en opposition directe et toujours flagrante avec la vie parasite sur le sein d'une mère ingrate, dont tout l'amour appartient aux ennemis de l'homme, cet être si physiquement disgracié qu'elle semble porter et nourrir à regret.

Plus cette lutte incessante que soutient contre l'ingratitude de sa marâtre l'*homme agricole,* le seul dont il est ici question, le seul même qui soit réellement l'*homme* dans l'acception primitive et naturelle du mot, plus, dis-je, cette lutte est pénible et rude, plus l'humanité doit y apporter d'efforts intelligents et de patience éclairée. Le principal ou plutôt l'unique auxiliaire de l'homme dans cette lutte contre le mal, c'est l'agriculture; il doit dès lors s'efforcer d'augmenter cette ressource par tous les moyens en son pouvoir, c'est-à-dire en appelant son intelligence au secours de sa force corporelle.

L'on ne saurait donc trop s'étonner du délaissement général dans lequel a langui si longtemps cet art capital dont tout procède dans le monde; on ne saurait trop gémir sur les fatales conséquences, pour l'humanité tout entière, de cet inconcevable dédain pour la source mère de tous les biens matériels sur la terre. Aussi l'ignorance, l'entêtement et leur inséparable fille, la misère, règnent de temps immémorial sur la plus grande partie du sol naturellement fertile de notre beau pays de France, et, dans ses contrées les mieux cultivées, on procède généralement encore par *empirisme,* et l'on semble ignorer complétement les premiers principes de l'art.

En France, on méconnaît partout ouvertement, mais non pas impunément, ces lois naturelles dont je viens de vous révéler les secrets et la puissance; dans les meilleures cultures on se préoccupe à peine de la propreté réelle et foncière du sol ; partout on voit des herbes parasites ronger le sein de la terre, en concurrence habituelle avec les végétaux utiles ; enfin on peut émettre sans crainte d'être sérieusement démenti, cette fâcheuse assertion : *il n'y a pas actuellement en France un seul champ dans cet état réel et permanent de propreté*, qui est la base indispensable de toute culture fondée sur les vrais principes de l'art. Aussi, n'est-ce pas assez dire peut-être que d'affirmer que le quart au moins des efforts utiles du sol est entièrement annihilé par la présence des herbes parasites vivaces ou annuelles.

Et cependant bien des gens se pavanent dans leur agriculture qu'ils proclament belle et riche, sans se douter qu'elle pèche essentiellement par cette base indispensable, *la propreté*.

Ils rougiraient si leurs bœufs étaient attaqués par la vermine ou la gale, et ne pensent pas même à délivrer entièrement leurs champs des herbes parasites qui les dévorent, et cependant c'est absolument la même chose, ainsi que nous l'avons vu ci-dessus.

Aussi, le temps viendra où l'on ne verra

pas une seule mauvaise herbe dans les champs d'une exploitation bien dirigée, et où l'on aura autant de blâme et de mépris pour le cultivateur dont les terres en seront infestées, que l'on en a aujourd'hui pour celui dont les bestiaux sont rongés par la vermine.

Les herbes parasites disparaîtront devant le perfectionnement des méthodes agricoles, comme les insectes parasites de l'homme et des bestiaux disparaissent devant la civilisation à mesure qu'elle améliore leur hygiène.

Ainsi, comme il n'y a pas actuellement en France un seul champ entièrement exempt de plantes parasites, on peut dire qu'il n'y a pas non plus une seule agriculture dont la méthode soit rationnelle et basée sur les vrais principes.

Je l'avoue, pendant ma longue pratique, j'ai aussi péché par ce point essentiel et capital; mais je n'avais pas encore entièrement ouvert les yeux à la lumière, parce que je n'avais pas longuement et mûrement médité, comme je l'ai fait depuis, sur les principes généraux de l'art. Mais enfin l'étude approfondie de ces grandes règles primordiales m'a révélé la vérité à cet égard, et, je le proclame hautement aujourd'hui : *la propreté absolue et permanente du sol est la première et la plus indispensable condition de sa fertilité;* sans elle il n'y a pas d'agriculture rationnelle.

En effet, un champ infesté d'herbes parasites est en tout semblable à l'animal attaqué par la vermine.

Ils sont l'un et l'autre dans un état maladif, anormal, et, s'il ne se manifeste pas toujours alors une diminution bien marquée dans l'énergie de leurs fonctions organiques, il existe du moins une altération plus ou moins sensible dans leur santé et un affaiblissement réel dans leurs facultés utiles.

Votre premier soin sera donc de vous efforcer d'amener peu à peu vos champs à cet état de propreté parfaite, première et indispensable base de toute bonne agriculture, et ensuite tous vos efforts devront tendre à les maintenir dans cette heureuse position par un régime sage et une hygiène bien entendue.

Ce régime et cette hygiène seront l'objet d'une étude particulière de notre part en leur temps et lieu, car ils sont le point de départ dont dépendra tout le succès de notre entreprise.

XXXIe Lettre.

ASSAINISSEMENT DU SOL.

*A Monsieur ***,*

Si vous avez des terres marécageuses ou seulement très humides, vous devrez, avant d'en entreprendre la culture et l'amélioration, les *assainir,* c'est-à-dire leur enlever cette humidité surabondante qui les rend infécondes.

L'eau est la source première de la vie végétale comme le sang celle de la vie animale; mais leur action dans l'organisme cesse d'être utile et bienfaisante aussitôt qu'elle dépasse certaines limites. Si une humidité habituelle et suffisante est indispensable au développement d'une grande fertilité, un degré de plus dans cette humidité amènera une stérilité complète. De même, quand, dans un animal en bonne santé, la quantité du sang est parfaitement suffisante à toutes les exigences de la machine, quelques gouttes de plus dans cette quantité peuvent amener la cessation complète des fonctions de la vie. En un mot, l'humidité surabondante du sol est en tout semblable à la *pléthore sanguine* des animaux : elles ont les mêmes résultats, l'*apoplexie.*

Vous le voyez, notre comparaison n'est jamais en défaut.

Vous devrez donc étudier avec soin les besoins de chacun de vos champs sous ce rapport essentiel, et vous efforcer d'y satisfaire autant qu'il sera en vous. Il ne sera pas toujours en votre pouvoir de leur donner toute l'eau dont ils auraient besoin ; mais, à moins d'obstacles extraordinaires, il vous sera habituellement facile de leur enlever celle qu'ils auront de trop.

Dans les sols *verts,* où la quantité d'eau dépasse à peine le degré nécessaire à une grande fécondité, il est souvent facile de rétablir cet heureux équilibre par de simples opérations chimiques. c'est-à-dire par un emploi judicieux de la marne, de la chaux, de la silice et d'engrais convenables à la nature du terrain. Mais, dans ceux où il y a réellement excès d'humidité, il est indispensable d'avoir recours à des moyens mécaniques, en donnant de l'écoulement aux eaux surabondantes par des rigoles faites avec calcul et discernement, pour éviter de tomber dans le défaut contraire en asséchant trop le sol.

Une excellente méthode d'assainissement, c'est l'ouverture de rigoles profondes, ayant une pente suffisante pour l'écoulement, et venant aboutir à de grands fossés ouverts entourant ou traversant le champ; puis on remplit ces rigoles de *pierres*, ou, à leur défaut, de *fascines de bois dur* à la hauteur nécessaire pour pouvoir recouvrir ces matières, à travers lesquelles l'eau s'infiltre et coule aisément, d'une couche de terre assez épaisse pour permettre le passage de la charrue sur les rigoles comme sur le reste du champ. Faits avec soin, ces égouts souterrains remplissent bien et longtemps leur but, et ne nuisent en rien à la culture.

J'ai vu, dans des terrains à sous-sol pierreux et

perméable, pratiquer avec succès, pour l'écoulement des eaux de pluie, des espèces de puisards
dans lesquels elles s'engouffraient très promptement. Ce moyen ne réussit pas partout; mais, si
vous avez des champs reposant sur une couche pier-
reuse peu compacte, je vous engage à le tenter
comme présentant beaucoup d'avantages.

Dans tous les cas vous devrez éviter que les eaux,
en s'écoulant, passent sur vos champs avec trop de
rapidité; plus elles vont vite, plus elles entraînent
de matières fécondes contenues dans le sol, et bien
des champs ont dû l'affaiblissement ou même la
destruction complète de leur fertilité à cette cause,
dont la plupart des cultivateurs ne soupçonnent pas
même l'influence délétère.

Si vous avez des champs placés dans cette position fâcheuse, vous devrez donc vous efforcer de diminuer autant que possible, par la direction impri-
mée aux rigoles, la rapidité de l'écoulement des
eaux. Si vous pouviez rendre cette vitesse pour
ainsi dire nulle, cela vaudrait encore mieux, surtout si l'eau, avant d'arriver chez vous, traverse
des terres grasses et bien fumées. En les obligeant

à *dormir*, pour ainsi dire, pendant leur traversée dans vos héritages, non seulement elles ne leur enlèveront aucune partie féconde, mais elles y déposeront au contraire une légère couche du limon provenant des champs supérieurs.

Ainsi que je vous l'ai dit ci-dessus, un puissant moyen d'assainissement du sol, c'est le mélange à dose convenable de silice, de marne ou de chaux, accompagné d'une application d'engrais appropriés à la nature diverse des terrains à assainir.

Nous aurons à revenir sur ce point important de l'*hygiène de la terre ;* mais je crois devoir seulement vous faire remarquer ici, à ce sujet, que plus un champ est humide, plus il est *gourmand de fumier : ager aquosus plus stercoris siccus vero minus requirit ;* c'est-à-dire que la même quantité d'engrais produit moins d'effet relatif dans une terre aqueuse et par conséquent froide que dans un sol sain et chaud.

Sans doute une partie de la puissance de cet engrais s'emploie alors à rétablir, dans le *récipient terrestre*, le degré de chaleur nécessaire à la végétation, et ne sert pas alors directement à la nourriture des plantes; ou bien, peut-être encore la surabondance de l'eau contrarie la parfaite élaboration des sucs alimentaires dans le sein de la terre, qui est l'*estomac des plantes*. Ces sucs étant alors trop *aqueux*, les végétaux qui se les assimilent sont faibles, sans vigueur et sans vertu nutritive. Voilà pourquoi dans cette sorte de terre les céréales, entre autres, donnent plus de paille que de grain, et pourquoi cette paille est molle et peu nourrissante, et ce grain d'assez mauvaise qualité.

Au reste, quelle que soit la cause de cette action nuisible de l'eau surabondante sur la végétation, le fait en lui-même est constant et avéré, et c'est une raison puissante de plus pour vous engager à apporter à l'*assainissement* de vos terres les plus grands soins et la plus sérieuse attention.

XXXIIe Lettre.

RESTAURATION ET ENGRAISSEMENT DU SOL.

A Monsieur ***,

Si le nettoiement et l'assainissement de la terre arable sont les deux conditions les plus indispensables de sa fertilité, elles ne suffisent pas dans la plupart des cas pour établir et surtout pour entretenir et perpétuer cette fertilité ; elles ne rendent pas la terre féconde, elles la disposent à le devenir.

Ainsi que nous l'avons déjà expliqué, le sol proprement dit n'est pas fertile par lui-même : la terre arable est un simple *récipient chimique* dans lequel l'agriculteur, avec l'aide de la chaleur et de l'eau, opère la transformation en matière végétale de diverses substances qu'il y a combinées et mélangées.

Évidemment cette transformation ne peut avoir lieu en l'absence des matières premières *transformables* en végétaux, et, par conséquent, le sol le plus propre et le mieux assaini serait complétement stérile s'il était entièrement dépourvu de ces matières fécondes.

Le mélange et la manipulation dans le sol de ces substances, indispensables à sa fertilité, constituent donc la partie la plus essentielle de l'art de l'agriculture, et doivent par conséquent être pour vous l'objet d'une sérieuse étude et d'une constante préoccupation. Comme le chimiste qui veut composer une matière quelconque avec d'autres matières diverses, vous commencerez par examiner : 1° quels sont les éléments constitutifs de la matière à produire; 2° s'ils existent ou non dans le récipient où doit se faire l'opération; 3° quelles sont les circonstances physiques et mécaniques les plus favorables à cette production, et vous vous efforcerez de vous en assurer le concours.

La matière végétale, les *plantes*, sont composées de *carbone*, d'*oxygène*, d'*azote*, d'*hydrogène*, etc., qui se solidifient et font corps en se

combinant avec des substances inorganiques salines
ou terreuses, telles que la *silice*, le *phosphore*, le
soufre, la *chaux*, les *alcalis*, etc.

Comment s'opère, dans le sein de la terre et dans
le fluide atmosphérique, cette *solidification* de ces
gaz, de ces *acides* et de ces *alcalis*, et leur transformation en êtres organisés? C'est un secret de la
nature qu'il n'a pas encore été donné à la science
de pénétrer; elle a déjà beaucoup fait pour les progrès de l'art agricole en décomposant la matière végétale, et en nous indiquant toutes les substances
élémentaires qui entrent dans sa composition. Ces
substances nous étant connues, ainsi que la quantité approximative pour laquelle chacune d'elles
concourent à la formation des divers végétaux que
nous cultivons, notre tâche serait facile s'il ne se
présentait pas ici une question incidente très grave
et très importante, et jusqu'à présent laissée à l'état
de doute. En effet, il nous suffirait de nous dire,
par exemple : nous voulons faire rapporter du froment à tel champ; le froment se composant principalement de *carbone*, d'*azote*, de *silice*, de *chaux*,
de *phosphore* et d'*alcalis*, voyons si le sol de ce

champ contient ces diverses substances en quantité suffisante et à l'état soluble indispensable à leur transformation en matière végétale.

S'il n'en a pas assez de l'une ou de l'autre, nous en ajouterons la quantité nécessaire, et, si elles ne sont pas suffisamment dissoutes, nous y mêlerons des matières propres à hâter leur dissolution.

Ainsi, en donnant à la terre des substances azotées et carbonatées en quantité suffisante, et en y mélangeant des alcalis et la chaux pour rendre solubles la silice, le phosphore et autres substances inorganiques, nous pourrions créer à notre volonté la fertilité de notre sol.

Malheureusement les chimistes et les physiologistes ne sont pas d'accord sur cette question, et ne le seront pas de longtemps encore sans doute. Ainsi que je vous l'ai déjà dit, les uns considèrent la présence dans le sol des matières azotées et carbonatées comme une indispensable condition de sa fécondité; d'autres disent : Ces matières ne servent pas directement à l'alimentation des plantes, elles ne sont qu'un moyen mécanique auxiliaire à l'aide duquel les végétaux

soutirent de l'air les éléments de leur composition.
Enfin vient Liebig, avec toute la puissance d'un immense talent aidé par de longues et sérieuses études, qui nous dit : Ce qui constitue la fertilité du sol, ce n'est ni l'*azote* ni le *carbone* que l'air fournit aux végétaux en aussi grande quantité qu'ils en ont besoin, ce sont les *principes minéraux nutritifs* ou assimilables aux plantes que nous cultivons, c'est-à-dire les *silicates alcalins*, les *phosphates alcalins* et de *chaux*, les *alcalis*, la *chaux*, etc., *principes minéraux* dont les plantes ont absolument besoin pour croître et fructifier, puisqu'ils entrent pour une partie essentielle dans la composition de leurs tiges, de leurs feuilles et de leurs graines, et que le sol peut seul les leur fournir. Dès lors, une terre peut être fertile quoique très pauvre en *azote* et en *carbone*, parce que l'air suppléera à son indigence à cet égard ; elle ne peut l'être au contraire si elle est dépourvue de ces *principes minéraux nutritifs* indispensables à l'existence des végétaux, et qu'ils ne peuvent emprunter à l'atmosphère qui, comme toute autre chose dans la nature, ne peut donner que ce qu'elle a.

Qui croire enfin ou de MM. Boussingault, Dumas et Payen, nous disant :

La puissance des engrais est tout entière dans leur richesse en azote.

Ou de Liebig, qui n'a pas craint de prononcer cette sentence hardie, mais peut-être un peu hasardée....

« Toutefois, il est de la plus haute importance pour l'agriculture de savoir d'une manière positive que, pour la plupart des plantes cultivées, notre ammoniaque est inutile et tout à fait superflu; que la valeur d'un engrais ne doit pas être jugée, comme il est de règle en France et en Allemagne, d'après sa richesse en* azote, *et que son efficacité n'est pas proportionnelle à la quantité d'azote qu'elle renferme. »*

Qui croire? ai-je dit; ni les uns ni les autres, ou bien ce serait nous établir juges dans une question scientifique dont l'importance et les difficultés sont trop au-dessus de notre portée, à nous simples cultivateurs.

Aussi nous continuerons à baser nos opérations agricoles sur les sages enseignements d'une longue expérience, et nous n'ajouterons foi à ces nouvelles données de la théorie que lorsqu'elles auront reçu la sanction de la pratique et du temps.

Nous savons qu'un sol maigre et stérile s'engraisse et redevient fertile quand nous lui donnons à propos des engrais animaux et des amendements minéraux ; que nous importe alors, pour le succès de nos opérations, de savoir si cette restauration et cette fécondité sont dues aux substances *azotées* et *carbonatées* contenues dans les engrais, ou bien aux *silicates*, aux *phosphates* et aux *alcalis* contenus dans le sol ?

Quand nous connaissons parfaitement la puissance relative de chaque genre d'engrais que nous employons, nous est-il absolument indispensable de savoir si cette puissance vient du *carbone* et de *l'ammoniaque* ou des *principes minéraux et salins* qu'ils contiennent ?

Enfin, si, en nous appuyant sur les notions actuelles de la théorie et sur les leçons de l'expérience, nous avons appris à faire dans nos divers champs un emploi judicieux et profitable de l'action utile et féconde de la *chaux*, que nous importe qu'elle agisse ainsi en aidant à l'élaboration des substances organiques, ou bien au contraire en facilitant la dissolution des matières alcalines et minérales?

La médecine sait-elle mieux comment agissent l'*opium* et la *quinine* dont elle fait cependant un si utile emploi?

Nous nous en tiendrons donc encore aux notions généralement admises, elles sont parfaitement suffisantes pour bien cultiver, et d'ailleurs elles ont, sur tous ces aperçus nouveaux, l'immense avantage d'être basées sur l'expérience, et d'avoir reçu la puissante sanction du temps, ce grand maître des maîtres.

Vous devrez donc, dans la *restauration* et l'*engraissement* de vos champs, prendre uniquement pour guide les principes et les règles immuables de l'assimilation organique, et, sans vous préoccuper de leurs causes réelles, agir d'après les effets physiques reconnus et admis par la pratique.

Sûrement dirigé par ces principes, par ces règles et par ces faits, vous donnerez de préférence à chacun de vos champs la nourriture la mieux appropriée à sa constitution, à ses forces, et dont les éléments fertiles ont le plus d'analogie avec les plantes auxquelles il doit fournir les sucs assimilables à leur propre substance.

Poursuivant notre comparaison des fonctions actives et fécondes de la terre avec celle de la machine vivante, et considérant le récipient terrestre comme remplissant dans l'organisation végétale les fonctions de l'estomac dans l'organisme animé, nous sommes forcément amenés à cette conséquence naturelle que, dans la *restauration, l'entretien* et *l'engraissement* du sol, le cultivateur doit suivre la même marche que pour le bétail.

Le champ s'engraisse comme le bœuf. (PHYSIOLOGIE DE LA TERRE).

Aussi, comme il est absolument impossible d'engraisser tout d'un coup un bœuf maigre et chétif, de même on ne saurait donner d'emblée à un champ toute la fertilité dont il est susceptible, c'est-à-dire cette fécondité foncière et durable à laquelle il arrivera peu à peu par une application sage et rationnelle d'engrais et d'amendements prudemment gradués dans leur quantité et selon leur énergie, comme les aliments des animaux à l'engrais.

Pour rendre une terre réellement et foncièrement fertile, il ne suffit pas de lui appliquer tout à la fois une quantité d'engrais théoriquement et mathémati quement suffisante pour atteindre ce but ; tout est progressif et graduel dans la nature, et soumis a un travail lent et régulier. *La fertilité réelle et complète d'un sol se compose d'une infinie diversité de matières fécondes ayant chacune leur mission, leurs propriétés et leur emploi dans le grand travail organique, suivant leur nature, leur âge et leur état plus ou moins avancé dans la décomposition.* (Voir la Physiologie de la Terre, pag. 198 et suivantes.)

Pénétré de ces grandes vérités et guidé par le salutaire enseignement puisé dans l'examen des moyens naturels par lesquels s'entretient la fertilité des bois et des prés, vous fumerez vos champs *peu et souvent,* comme la nature vous en donne l'exemple, et non *beaucoup et rarement,* comme font les gens qui ne raisonnent pas.

Si cela lui était possible, *le cultivateur devrait composer la fertilité de sa terre pour ainsi dire par couches annuelles ; car toutes ces couches ont leur temps, leur rôle et leur but dans le grand travail de l'organisation végétale,* etc. etc. (Id., page 200.)

Comme aux estomacs paresseux on donne des aliments excitants, et aux estomacs irrités des mets rafraîchissants, vous donnerez aux terres froides les fumiers *chauds,* et les fumiers froids aux sols secs et brûlants.

C'est l'action chimique seule des engrais que l'on prend en considération dans cet emploi des fumiers appliqués selon leur degré de chaleur aux sols plus ou moins refroidis, mais leur action mécanique ne doit pas être moins appréciée dans l'usage auquel on les destine ; aussi vous aurez bien soin d'appliquer les fumiers les moins décomposés et les plus consistants aux sols forts et compactes, les plus onctueux et les plus désagrégés aux terrains légers et sans énergie.

De même, aux estomacs vigoureux, on donne des aliments solides et résistants : aux faibles, des mets légers et faciles à digérer.

Et, comme on trouve toujours plus de profit à nourrir et engraisser un bon bœuf qu'un mauvais, il est toujours aussi plus avantageux de fumer les bonnes terres que les mauvaises ; il est même certains sols si pauvres et si faibles, que l'on perd sa peine et son argent en y mettant du fumier, tout comme en cherchant à restaurer et engraisser un animal chétif et débile.

L'expérience, mieux que tout ce que je pourrais vous dire à cet égard, vous apprendra à connaître la *force digestive*, si je puis m'exprimer ainsi, de chacun de vos champs, et toujours vous devrez distribuer plus d'engrais à ceux qui le porteront le mieux et *en tireront le meilleur parti;* car, parmi les sols *gourmands de fumier* et le digérant bien, il en est qui *le digèrent trop vite,* et qui par conséquent produisent moins de matière végétale avec la même somme d'engrais que tel autre sol où la digestion, c'est-à-dire l'élaboration utile des substances fécondes, suivant une marche moins rapide et plus régulière, permet par conséquent aux végétaux de s'assimiler une plus grande quantité de ces matières.

Les véritables causes de cette différence dans l'action utile, ou si l'on veut dans le produit net des aliments donnés aux divers sols, ne me sont pas encore assez connues pour qu'il me soit possible de porter un jugement sur cette importante question de la *physiologie terrestre;* mais toutes mes observations me portent à croire que ces causes sont plutôt chimiques que mécaniques, c'est-à-dire que cette prompte *consommation*, ou si l'on veut *évaporation* des principes féconds confiés à la terre, est due plutôt à sa composition chimique qu'à sa constitution physique. En effet, la classe de sols que j'ai toujours vu digérer avec le plus de rapidité le fumier, ce sont les sols argilo-siliceux, si répandus en France, où ils varient peu dans leur nature, et où ils sont connus, suivant les contrées, sous le nom de *beauce*, *blanc-limon*, *borna*, *bornai*, *bouloise*, *boulbenne*, etc. etc.

Or, la texture compacte et peu perméable à l'air et à l'eau de ces sortes de terrains devrait les rendre éminemment propres à la longue conservation des matières fécondes qui leur sont confiées, et, comme c'est précisément le contraire qui a lieu, on doit penser que cette rapide destruction de ces substances est due à une action chimique dont nous ignorons la cause, peut-être à l'insuffisance de la matière calcaire dont ce genre de sol est toujours si pauvre quand il n'en est pas entièrement dépourvu.

Ce déficit de la chaux dans le récipient terrestre ne peut-il pas occasionner une perturbation dans les fonctions de cet *estomac des plantes?* perturbation dont sans doute le résultat est d'accélérer la marche du travail d'élaboration aux dépens de sa perfection.

Alors, comme dans l'estomac des animaux où la digestion se fait trop vite par l'insuffisance des sucs salivaires ou par toute autre cause, les aliments mal digérés traversent trop rapidement la machine, et une bien moins grande partie s'en assimile à l'organisme.

Un fait bien connu vient corroborer cette opinion : si l'emploi de la chaux ne détruit pas complétement, du moins il affaiblit toujours, dans cette espèce de sol, la puissance désorganisatrice des matières fertiles. Sans doute l'addition de la matière calcaire y rétablit l'équilibre nécessaire à une utile et fructueuse combinaison de ces substances fécondes : la digestion s'y fait alors moins vite, plus régulièrement, et les sucs, mieux et plus lentement élaborés, sont absorbés en plus grande quantité et pendant un plus long espace de temps par les végétaux dont le sol est l'estomac.

Au reste, je n'ai pas la prétention de donner ici une explication positive et incontestable de la manière dont la chaux agit dans le sol ; c'est encore là une question au milieu de laquelle la science se perd dans les ténèbres, et, s'il ne m'appartient pas de la décider, du moins nous aurons à examiner plus tard les opinions des différents auteurs qui se sont occupés de ce point important de la physiologie agricole. Nous le laisserons donc aujourd'hui pour y revenir en temps et lieu. Si nous ignorons la cause, nous connaissons les effets, et cela doit nous suffire dans la question dont nous nous occupons en ce moment.

Nous continuerons donc à considérer la chaux soit comme un dissolvant énergique agissant dans le récipient terrestre, *estomac des plantes*, comme les sucs salivaires et les divers acides indispensables à la digestion, soit comme un stimulant actif ayant sur les fonctions digestives la même influence que le sel, les épices, les boissons fermentées, etc.

Cette comparaison ne nous fera pas défaut non plus, et je pourrais, si cela me paraissait nécessaire, la pousser jusqu'à ses dernières conséquences.

J'en déduirai seulement les plus essentielles, laissant votre sagacité suppléer à mon silence.

Ainsi, plus votre sol sera fort, humide, compacte et riche en matières organiques, plus aussi vous devrez activer chimiquement et mécaniquement ses fonctions fécondes par le secours de la chaux s'il en est naturellement dépourvu. Dans les terres légères, froides et pauvres en éléments fertiles, vous devrez au contraire borner la ration de chaux à la quantité justement nécessaire pour aider l'élaboration des substances fécondes et leur assimilation aux plantes. Dans ces sortes de sols la chaux est utile, surtout pour les réchauffer, les ameublir et les assainir; car tous les terrains non calcaires, lors même qu'ils sont sabloneux, craignent l'eau, se durcissent par la sécheresse, et ne se délitent jamais par l'effet de la pluie.

Quant à la quantité de *chaux* nécessaire pour produire l'effet le plus utile dans chaque espèce de terre, il m'est impossible de vous poser ici aucune règle à cet égard. Comme celui de toutes les matières directement ou indirectement fécondes, le mélange de la *chaux* dans le récipient terrestre doit varier à l'infini dans ses proportions, selon la qualité de la chaux d'abord. et ensuite suivant la nature, la position topographique et l'état de fertilité de chaque champ.

Ainsi, pour résumer cette longue lettre, vous procéderez à la *restauration* et à l'*engraissement* de vos champs en vous basant sur les grands principes de l'assimilation organique, et, pour assurer vos succès, vous ne vous écarterez jamais des règles immuables qui découlent de ces principes.

L'*assainissement* et la *propreté* d'abord, ensuite la bonne nourriture, c'est-à-dire les engrais appropriés à la nature du sol, à ses forces digestives et au travail que vous lui demandez: fumures moins fortes et plus souvent réitérées dans toutes les sortes de terrains, mais toujours plus abondantes dans les sols forts, humides, compactes et naturellement fertiles, que dans les terres légères, sèches et pauvres; enfin le mélange de la chaux et de la marne, et des autres *amendements* ou *stimulants* dans des proportions variables indiquées par des essais, voilà les vrais moyens de restauration et d'engraissement du sol, moyens aussi simples que naturels, à l'aide desquels vous pourrez créer d'abord et ensuite maintenir. et même porter à ses dernières limites la fécondité de vos champs.

Mais, avant de commencer une opération d'*engraissement* du sol, vous devrez toujours calculer mûrement si les avantages positifs et réels que vous devez en retirer non seulement égaleront la dépense à faire, mais vous porteront un profit suffisant.

Certes, avec des engrais, des amendements et de l'eau, on peut partout faire donner, à quelque champ que ce soit, d'abondantes récoltes, comme on peut partout engraisser des bœufs avec du foin, du grain et du sel ; mais ces prodiges agricoles coûtent souvent fort cher et ne satisfont pas même l'amour-propre, car ce n'est pas bien cultiver que de récolter aux dépens de sa bourse.

Qu'importe qu'un champ rapporte beaucoup s'il coûte beaucoup, a dit Caton ; et Pline :

Rien de moins profitable que de trop bien cultiver : faites ce qui est nécessaire, et rien de plus.

XXXIII Lettre.

ENGRAIS.

A Monsieur ***

Je vous ai indiqué, dans ma dernière lettre, les meilleurs moyens de nourrir et d'engraisser le sol, nous allons aujourd'hui nous occuper des aliments destinés à cette nourriture et à cet engraissement, c'est-à-dire des divers *engrais.*

Jamais peut-être question agricole ne fut plus controversée et plus embrouillée que celle-la par les agronomes, on peut bien dire à son sujet : *tot capita, tot sensus.*

Nous avons déjà fait quelques pas dans cet obscur et tortueux labyrinthe, mais nous ne sommes pas au bout....

Heureusement, nous avons pour nous diriger vers son issue un guide fidèle et sûr ; nous y marcherons d'un pas ferme et nous en sortirons à notre gloire, en nous appuyant sur les principes généraux de l'existence organique et en suivant toujours la lumière que répand sur nos pas la connaissance approfondie des règles immuables de l'assimilation organique, c'est-à-dire de la *transformation* des éléments vitaux en matière végétale d'abord, et ensuite en organisme vivant ; transformation opérée dans le sein de la terre et de l'air avec le concours de l'eau et du feu, par la combinaison, l'élaboration et la solidification des principes organiques contenus dans l'atmosphère et dans le *récipient terrestre*.

Les végétaux, comme les animaux, se nourrissent exclusivement de matières *transformables* en leur propre substance ; ainsi les plantes vivent de *carbone, d'hydrogène, d'oxigène, d'azote et de principes alcalins et terreux* qu'elles empruntent à l'air, à l'eau et à la terre.

L'animal herbivore vit de ces plantes auxquelles il emprunte lui-même tous ces éléments constitutifs de la vie, et il les transmet à son tour à l'animal carnivore dont il est la nourriture habituelle.

Enfin, au plus degré de l'échelle organique l'homme se nourrit de matières végétales et animales parce que dans ces substances se trouvent réunis, en proportion diverse, celles dont il est lui-même formé, c'est-à-dire de l'*hydrogène*, du *carbone*, de l'*oxigène*, de l'*azote*, combinés avec des éléments *minéraux* et *terreux*, etc.

Si un seul de ces principes de leur vie faisait défaut dans les aliments des végétaux ou des animaux, ils cesseraient d'exister, d'autant plus vite que l'élément manquant serait une partie plus essentielle de leur être.

Au reste, le mécanisme par lequel ces divers éléments de l'existence organique se transforment en plantes d'abord, et ensuite en matière animale, est encore et sera toujours sans doute un secret impénétrable à la science.

Mais si nous ne connaissons pas le mode d'attraction et de solidification par lequel les principes élémentaires de la vie disséminés dans l'air, dans la terre et dans l'eau se combinent et prennent la forme de plantes et d'animaux divers. Nous savons du moins que la matière animale étant absolument composée des mêmes éléments que la matière végétale, l'organisme vivant n'est réellement qu'une transformation plus parfaite de l'organisme végétant; en un mot, un *animal* n'est pas autre chose qu'un *végétal* animé et mobile.

Ainsi se déroule perpétuellement sur la terre ce magique enchaînement des principes élémentaires de l'existence organique passant sans cesse et sans relâche de la mort à la végétation, de la végétation à la vie, et de la vie à la mort.

Des gaz aériformes et des principaux minéraux solubles s'attirent, se combinent et prennent une forme solide; voilà la plante, c'est-à-dire l'animal *en herbe*. Cette matière organique végétale, inerte et insensible, introduite dans l'officine animale s'y décompose d'abord, puis subissant une nouvelle élaboration s'y transforme en substance organique sensible et mobile, voilà l'animal *en chair et en os*, et abstraction faite de *l'esprit* qui l'anime, cette *machine vivante* est-elle réellement autre chose qu'une nouvelle combinaison plus parfaite des éléments constitutifs de la *machine végétante*, éléments dont elle s'est entièrement formée.

Par conséquent non seulement toutes les substances servant à la formation et à l'entretien de la machine organique vivante; mais encore et surtout la matière animale elle-même sont éminemment pro res à la formation et à l'entretien de la vie végétale à laquelle elles retournent sous forme d'*engrais*, pour revenir encore par son intermédiaire à la vie animale.

Les *engrais* proprement dits sont donc seulement et exclusivement les corps organiques susceptibles de renaître dans le sein de la terre à cette vie végétative dont ils ont déjà joui, c'est-à-dire la *matière végétale* elle-même sous toutes ses formes, puis et surtout, tous les produits et tous les éléments de la vie animale, c'est-à-dire les *déjections solides* et *liquides*, la *chair*, la *graisse*, le *sang*, les *os*, la *corne*, les *ongles*, les *poils*, les *crins*, les *plumes*, etc., etc.

Mais ces matières ne sont pas plus directement et immédiatement assimilables aux végétaux sous cette

forme organique que ceux-ci ne le sont aux animaux dans le même cas.

Elles doivent toutes subir dans le sein de la
terre, *estomac des plantes*, comme la matière végétale dans l'estomac des animaux, une décomposition et une élaboration à l'aide desquelles les corps
simples se dégagent de la combinaison organique, et
reprenant leur liberté, retrouvent leur affinité et
leur puissance pour la nouvelle combinaison à laquelle ils sont appelés.

Ainsi, par exemple, l'*azote* contenu dans l'air
devient plante en se combinant dans l'acte de la végétation avec d'autres éléments vitaux. Introduit
ensuite dans l'estomac animal sous cette forme de
plante, il se dégage de son enveloppe par l'acte de
la digestion et sous sa forme première d'azote il se
combine de nouveau, mais dans d'autres proportions avec les mêmes éléments, prend une autre
forme et devient *animal;* puis quand, par la cessation de la vie la machine animale se décompose
aussi, à l'aide de la désagrégation des molécules
dont elle est composée, il reprend encore sa liberté
avec sa forme gazeuse, et il retournerait tout en-

lier à l'air, sa source première, pour laquelle il a tant d'affinité, si nous ne savions pas le faire servir encore à nos besoins en l'obligeant à se transformer de nouveau en matière végétale.

Voilà les principes généraux de la théorie de l'assimilation organique, nous en déduirons naturellement les conséquences suivantes dont nous nous efforcerons de faire une sage application dans la pratique.

Tous les engrais ont d'autant plus de puissance intrinsèque actuelle qu'ils sont moins décomposés, puisque avec la désagrégation des tissus organiques commence l'absorption par l'air des gaz féconds, ayant avec lui une grande affinité. En effet, quand on laisse cette décomposition suivre son cours, le corps organique disparaît peu à peu tout entier et il n'en reste, sur le sol, que les principes minéraux et terreux

De même c'est lorsqu'il vient d'être fini et tant que sa conservation est parfaite, que la vertu nutritive d'un fromage, par exemple, est à son plus haut degré de puissance. Dès que sa décomposition commence, cette vertu s'altère : les *cryptogames*.

(la moisissure) et les *larves parasites* viennent encore hâter cet affaiblissement graduel de ses forces nutritives en vivant aux dépens de sa substance en décomposition, et bientôt de ce corps organique entièrement absorbé ou *brûlé* il ne restera plus qu'un peu de *cendre*, c'est-à-dire quelques *detritus terreux et salins*.

Par conséquent le *fumier frais* composé de matières végétales et de déjections animales, solides et liquides n'ayant encore subi aucun commencement d'altération organique, possède en ce moment toute la puissance régénératrice dont il est susceptible. Il contient en effet alors plus de substances *organiques assimilables* qu'il n'en contiendra jamais, puisque rien ne peut lui en donner un atome de plus, et que tout concourt au contraire à les lui enlever. (Voir la *Physiologie de la terre*, p. 185 et suivantes).

Supposons donc par exemple 100 *kilogrammes* de fumier frais de bêtes à cornes ; ce fumier, selon Thaër et le chimiste Einhoff, serait composé en chiffres ronds (dont ils se sont bien gardés, par parenthèse) de 72 parties d'eau et de 28 de matière solide pour o/o ; ils disent 71 7/8 et 27 1/8, c'est plus imposant...

Ainsi, en admettant cette évaluation comme vraie, nos 100 kilos de fumier frais contiendraient 72 kilos d'eau et 28 de matière solide composée de *carbone*, *d'azote*, de principes *alcalins* et *terreux*, etc.

Evidemment, si l'on n'ajoute rien à cette quantité d'engrais, elle restera au même degré de richesse et de puissance tant qu'elle sera parfaitement à l'abri de l'action dévorante des éléments ; masse organique, inerte et passive, elle ne peut plus rien acquérir par ses propres moyens, mais elle peut tout perdre si on l'abandonne sans défense à ses ennemis naturels, l'air et l'eau.

Tant qu'ils resteront dans leur état naturel, nos 100 kilos de fumier ne pourront donc jamais contenir plus de 28 kilos de matière organique féconde, mais s'ils se trouvent exposés à l'action de l'air et de l'eau, la fermentation s'y établit promptement ; alors, sous l'influence de cette combustion sourde et lente, et par la désorganisation des tissus, et la séparation des atomes s'opère graduellement la *décomposition*, c'est-à-dire la résolution de l'association élémentaire constitutive de la vie organique et par suite le retour de ces éléments à leur état primitif de corps simples.

Par conséquent le fumier qui se décompose ou, comme on dit, se *consomme*, perd, au fur et à mesure de cette décomposition ou consommation, tous les principes féconds organiques qu'il contenait.

En effet, si nous laissons nos 100 kilogrammes parcourir toutes les phases de cette décomposition, voici ce qui arrivera :

Les 72 kilogrammes d'*eau* s'évaporeront en entier dans l'air, le *carbone* et l'*azote* prendront le même chemin, et des 28 kilos de matière solide il restera là où fut cette masse organique un 1/2 kilo peut-être de principes *terreux et salins*, c'est-à-dire de *cendres*, à peu près autant peut-être qu'elle en aurait produit si on l'eût soumise à l'action directe du feu.

Je me trouve naturellement amené par ce sujet à vous parler d'une méthode fort préconisée dans ces derniers temps et dont les résultats généralement utiles pourraient affaiblir à vos yeux la force de mes arguments.

Le succès de l'*engrais Jauffret* ou mieux *à la Jauf-fret*, ainsi nommé du nom de son inventeur ou plutôt de son propagateur, le sieur Jauffret, estimable et zélé laboureur, surnommé dans son pays le *père du bien* et dont nous devons tous regretter la mort prématurée, le succès de l'engrais à la Jauffret dis-je ne peut, dans aucun cas, ébranler votre conviction, car il ne saurait atténuer en rien la valeur de mes assertions.

Quand un fait vous semblera contredire un principe naturel, immuable, pensez toujours que le fait a tort, et un examen approfondi vous prouvera toujours aussi la justesse de cette opinion.

Examinons en effet en quoi consiste la méthode Jauffret : à entasser des matières végétales, dures et ligneuses, telles que les bruyères, les joncs, les roseaux, les buis, etc., et à y développer promptement, par une addition de substances azotées et alcalines, une fermentation énergique qui, en décomposant rapidement les tissus coriaces de ces matières végétales les rend propres à l'assimilation organique beaucoup plus tôt que si on les avait confiées au sol dans cet état, ou abandonnées à leurs propres forces fermentatives.

Par la méthode Jauffret on hâte la *décomposition* des fumiers comme on active la fermentation de la bière par le mélange d'un *ferment* ; mais ce résultat naturel ne porte aucune atteinte aux principes immuables ci-dessus exposés.

Les matières végétales ainsi forcément décomposées par cette *combustion* ou si l'on veut, par cette *cuisson* artificielle, loin d'en avoir reçu la moindre augmentation de richesse organique, ont au contraire perdu une assez grande quantité de celle qu'elles possédaient antérieurement, par le dégagement des gaz qui s'opère activement pendant toute la durée de la fermentation.

Ces matières diverses ainsi mélangées et combinées, sont devenues, par l'effet de cette opération chimique, plus promptement propres à se convertir en matière végétale dans le sein de la terre ; mais elles contiennent définitivement une somme de richesse organique inférieure à celle qu'elles possédaient entre elles toutes avant leur réunion, réunion qui, en développant la fermentation, a fait perdre à chacune d'elle une partie de cette richesse.

Ainsi, la méthode Jauffret n'est pas un moyen de donner à certaines substances végétales, plus de vertu féconde qu'elles n'en possèdent naturellement, car cela est physiquement impossible, elle est tout simplement une opération chimique par laquelle on rend promptement assimilables aux végétaux des matières dures et ligneuses qui mettraient beaucoup de temps à se décomposer naturellement dans le sein de la terre. Mais je persiste à dire que si l'on enfouissait immédiatement ces substances *végétales* après les avoir de même empreignées d'une lessive *azotée et alcaline*, et avant que la fermentation s'y fût développée, on enrichirait certainement ainsi le sol d'une plus grande quantité de substances organiques, substances actuellement plus dures et plus indigestes sans doute, mais aussi plus nourrissantes, en somme totale et en définitive, pour la *végétation* à laquelle la terre transmettrait leurs éléments féconds, au fur et à mesure de ses besoins et de leur décomposition graduelle dans son sein.

Cette décomposition terrestre étant la plus naturelle, doit par conséquent s'opérer avec plus d'économie et d'utilité réelle, c'est-à-dire avec moins de déperdition des gaz féconds, car, sans nul doute, le sein de la terre est doué de toutes les qualités requises pour que la grande œuvre de la régénération organique s'y accomplisse dans les meilleures conditions possibles et de la manière la plus conforme aux vues bienfaisantes et paternelles du créateur de toutes choses.

Ainsi, la désorganisation et la décomposition, ce que nous nommons la *pourriture* des corps organiques, est une véritable *combustion*. Autant vaudrait donc soumettre les engrais à l'action dévorante du feu que de les laisser comme le font la plupart des cultivateurs exposés à celle non moins désorganisatrice de l'air. Si l'effet de cette dernière est plus lent et moins facilement appréciable par les sens, le résultat définitif est le même.

Enfin, pour résumer toutes ces assertions en un seul exemple mis à la portée du plus grand nombre, je comparerai le cultivateur qui laisse *consommer* ses engrais et les donne à ses champs alors

seulement qu'ils sont dans un état de décomposition avancée, à la mère de famille qui attendrait
pour distribuer un pain à ses enfants que la désorganisation et les parasites l'eussent a peu près réduit en poussière.

Et cependant on voit encore des agriculteurs soutenir que cette méthode d'employer les engrais est
la plus fructueuse, parce que les produits immé-
diats du sol sont toujours alors plus abondants;
c'est là de l'*empirisme* tout pur, et j'ai donné dans
la *Physiologie de la Terre* une explication irréfra-
gable de ce fait naturel dont ces cultivateurs tirent
ainsi de fausses inductions, inductions d'enfant plus
dangereuses pour la pratique qu'elles sont assez
spécieuses et paraissent bien fondées aux hommes
qui ne savent pas se rendre compte des causes et
des effets de chaque chose. (Voir la *Physiologie de
la Terre*, p. 190).

Vous devrez donc vous efforcer d'empêcher, par
tous les moyens en votre pouvoir, cette absorption
par l'air des éléments vitaux contenus dans les *engrais*. Les gaz qui s'en exhalent ainsi, c'est de la

matière végétale s'évaporant en pure perte pour vous.

Quelques agronomes pénétrés de ces grandes vérités ont cru tout concilier en indiquant un prétendu moyen de conserver toute entière aux *engrais décomposés* la somme d'énergie et la puissance régénératrice dont ils étaient doués avant le commencement de leur désorganisation. Ce moyen conseillé par M. Schattenmann, c'est de couvrir chaque couche de fumier d'une couche de plâtre.

Cette méthode, lors même que la cherté du *plâtre* ou *gypse* ne la rendrait pas impraticable dans la plus grande partie du territoire français, me paraît une véritable recette empirique, car de deux choses l'une, ou le *sulfate de chaux* arrête entièrement la décomposition des substances organiques et alors la difficulté de leur emploi immédiat reste la même, ou bien il la laisse suivre sa marche habituelle et alors comment en suspend-il les effets?

Rien ne prouve d'ailleurs l'utilité réelle de cette conversion des gaz ammoniacaux en *sulfate d'ammoniaque*, conversion dans laquelle résiderait tout le mérite de cette découverte, et bien certainement

l'évaporation persistante du *gaz acide carbonique*
et du *gaz hydrogène sulfuré* est au contraire nuisible à l'effet utile des fumiers sur la végétation.

Il faut le dire encore une fois : il n'est qu'un
seul moyen de conserver aux fumiers, *aliments des
plantes*, comme aux substances alimentaires des
animaux toute leur vertu nutritive, c'est d'empêcher leur combinaison prématurée avec l'*oxigène*
de l'air qui, aidé de la chaleur et de l'humidité, les
dévore ainsi lentement par une combustion latente
dont les résultats définitifs sont les mêmes que
ceux opérés par le feu. Hors de là, on tombe dans
l'*empirisme* et les praticiens agricoles y tomberont
de même chaque fois que, s'isolant des vrais principes, ils auront recours à l'application de ces recettes dont la puissance spécieuse manque de cette
base essentielle.

Comme la médecine humaine, la médecine terrestre a ses *remèdes de bonnes femmes*, et dans
l'esprit des masses, ces remèdes empiriques pré-
vaudront longtemps encore sans doute sur la vraie
thérapeutique de l'art.

Au reste, je le répète, ce moyen n'est presque nulle part utilement praticable en France, je ne m'y arrêterai donc pas plus longtemps, j'ai voulu seulement vous le signaler en passant comme une de ces idées qui méritent quelque attention et quelques essais sans doute, mais que les agronomes devraient bien se garder de conseiller comme étant partout d'une utilité réelle et nullement contestable.

Lors même que l'efficacité de ce procédé serait prouvée, ce dont j'ose fort douter, ce remède serait presque partout pire que le mal, car pour conserver aux engrais une partie de leur puissance, il faudrait souvent faire une dépense plus grande que leur valeur totale. En un mot, ce serait imiter la folie de celui qui dépense trois cents francs pour conserver la vie à un cheval de cinquante écus.

Voilà pourtant où le désir outrecuidant de n'être jamais en défaut et d'avoir pour toute difficulté sa solution, telle qu'elle, a souvent conduit et conduira souvent encore sans doute l'agronomie de laboratoire.

2° La seconde conséquence, applicable à la prati-

que, des principes théoriques ci-dessus posés, c'est
que les engrais sont d'autant plus nourrissants pour
une espèce de plantes, qu'ils ont avec elle plus d'affinité, plus de rapports élémentaires. Et de ce fait
incontestable découle naturellement ce corollaire,
— que la puissance des engrais doit être proportion-
née à la perfection organique à laquelle doit arriver la plante qu'ils sont chargés de nourrir : par
conséquent si l'on n'avait en vue qu'une seule récolte immédiate, il faudrait donner des engrais
plus puissants aux plantes destinées à porter graine, qu'à celles que l'on se propose de faucher en
verd.

Mais, direz-vous peut-être, qu'entendez-vous
par engrais *plus puissants*, d'où leur vient cette
puissance relative à tel ou tel effet?..

Ici je me trouve fort embarrassé pour vous répondre cathégoriquement, et sur cette question les
agronomes et les chimistes sont moins d'accord
que jamais; ainsi Thaër dit : *il faut aux végétaux
beaucoup de carbone et sans lui une plante ne peut
que fleurir et nullement donner de la graine*, et Liebig. *la semence ne se développe qu'autant qu'il existe*

un excès de phosphates; quand le sol en est privé on roit les plantes fleurir sans produire de graines.

Nous ne serons pas arrêtés dans notre marche par ce débat entre ces deux savants *médecins de la terre* qui, sans doute, ont tous les deux raison cette fois, et à qui, pour se mettre d'accord, comme ces deux docteurs en médecine humaine au sujet de la rhubarbe et du séné, il suffisait de se dire : *passez moi le carbone et je vous passerai le phosphate.*

En effet, comme nous le disions ci-dessus, tous les éléments constitutifs des plantes sont indispensables au développement total de leurs fonctions vitales, et si l'absence d'un seul de ces éléments ne suffit pas pour arrêter le développement des tiges, des feuilles et même des fleurs, elle peut cependant, en portant le trouble dans l'économie de la plante, s'opposer à l'accomplissement de la fructification, cette œuvre suprême de l'organisme végétant, œuvre dont la perfection doit exiger impérieusement le concours de tous les principes constitutifs de la vie végétale sans aucune exception.

Pour en finir d'un seul mot avec cette difficulté physiologique, je vous dirai encore : que nous importe tous ces débats et toutes ces contradictions, et en quoi pourraient-ils nous faire hésiter dans la pratique, quand les principes généraux de l'*assimilation organique* sont là pour nous dire :

Une plante se formant par la combinaison invariable d'éléments divers, ne peut être complète dans son organisme que par la présence de tous ces éléments, sans exception.

Les engrais n'étant eux-mêmes que de la matière organique en voie de désorganisation, contiennent tous les éléments de la vie en quantité d'autant plus grande qu'ils sont moins avancés dans cette voie, et que la matière dont ils proviennent était plus avancée dans celle de l'organisation.

Par conséquent, 1° tous les *engrais animaux* ont assez de puissance pour amener toutes les plantes à l'accomplissement de l'œuvre de la fructification, puisqu'ils contiennent tous les éléments constitutifs d'un organisme supérieur à celui de la plante féconde.

2° Les *engrais végétaux* composés de matières végétales arrivées à maturité, et surtout les détritus des produits de la fructification, possèdent la même puissance, mais à un degré inférieur, puisque leurs éléments constitutifs sont seulement égaux à celui de l'organisme qu'il s'agit de produire.

3° Enfin, il paraît fort douteux que les engrais exclusivement formés de végétaux n'ayant pas atteint leur perfection organique, puissent fournir seuls aux plantes les éléments nécessaires à la maturité de leurs graines; il semble même plus conforme aux vrais principes de penser qu'il doit leur être impossible de transmettre une puissance qu'ils n'ont jamais possédée, et dont par conséquent les éléments constitutifs ne peuvent être et ne sont pas en eux.

En vain, l'empirisme essaierait de combattre ces déductions naturelles et logiques des grands principes de notre art. Toute contradiction appuyée ou non sur d'impuissantes expériences viendra se briser comme du verre sur leur base de rocher. Que dis-je, le raisonnement fondé sur la marche immuable de la nature dans la production des êtres organiques est plus inébranlable mille fois qu'une montagne de granit; l'art sait triompher de la cohésion et de la force d'inertie de la roche primitive, contre la vérité rien ne peut.

Ainsi, prenant pour guide dans la préparation et l'emploi des *engrais* ces assertions irréfragables dans leur admirable simplicité, vous devrez, autant que possible, faire porter vos fumiers dans le sol avant qu'ils aient subi la plus légère altération dans leur nature et dans leur forme.

La décomposition nécessaire à leur nouvelle transformation en matière végétale doit, pour être la plus utile et la plus fructueuse qu'il est possible, s'opérer graduellement dans le sein de la terre, à la portée des plantes qui peuvent alors s'assimiler leurs éléments vitaux au fur et à mesure que le travail de la désorganisation place ces éléments dans les conditions les plus favorables à cette assimilation.

Quand il ne sera pas possible de les transporter dans les champs aussitôt leur sortie des écuries et des étables, vous ferez placer les engrais à l'abri des injures de l'air et des atteintes du soleil et de l'eau. Vous apporterez surtout la plus grande attention à les préserver des effets destructeurs de la *fermentation*, première période de la décomposition ou de la *combustion atmosphérique*. Or, comme sans l'humidité et la chaleur il n'est pas de fermentation possible, s'ils sont humides vous les ferez remuer de temps en temps pour les empêcher de s'échauffer; s'ils sont secs, vous les préserverez de tout contact avec l'eau.

Pour toutes ces opérations, il vous sera indispensable d'avoir un hangar couvert destiné à ce seul usage, comme je vous l'ai conseillé dans une de mes premières lettres.

Suivant la nature de vos terres, vous ferez mélanger tous les engrais ensemble ou bien séparer soigneusement les *fumiers chauds* des *froids*. Peut-être les chimistes nous demanderont-ils pourquoi nous les nommons ainsi, mais peu nous importe si cette qualification est théoriquement inexacte, et en dépit de leurs analyses et surtout de cette opinion de Burger, *qu'il est contraire à toute analogie d'admettre la supériorité du fumier de mouton sur celui des vaches et des chevaux*, nous persisterons dans notre entêtement à cet égard, et nous préférerons toujours le fumier de *bergerie* à celui d'*écurie*, et ce dernier à celui d'*étable*, parce que chaque jour l'expérience leur assigne leur véritable rang à nos yeux, bien plus sûrement que toutes les analyses chimiques de tous les savants du monde entier.

Par la même raison, nous continuerons à considérer et à employer comme *engrais chauds* le fumier de mouton, de cheval, les matières animales, la colombine et ses analogues, la poudrette, le guano, etc.

Et comme *engrais froids*, le fumier de vache, les feuilles et les tiges des plantes et autres détritus végétaux verds ou *consommés*, les boues de rues, les curures de mares et d'étangs, etc., etc.

Et comme je vous le disais à l'instant, vous emploierez chacun de ces engrais seuls ou bien vous les mélangerez entre eux dans de sages proportions, suivant la nature et l'état du sol qu'il s'agit de nourrir ou d'engraisser.

La chimie des engrais est la partie la plus intéressante, la plus essentielle de l'art agricole, et cependant aucune peut-être ne fut jusqu'à présent plus déplorablement négligée.

Dans la plupart des exploitations rurales, les

fumiers sont portés au hasard dans les champs. Le fumier de bergerie échoit souvent aux sols brûlants, et celui des vaches à une terre humide et froide, les engrais pailleux aux sables légers, et les consommés aux terrains argileux.

Est-il possible d'agir plus en opposition avec le simple bon sens, et comment le succès pourrait-il couronner de telles œuvres!!

Et puis l'on se plaint, on accuse la terre d'ingratitude!... pauvre terre... si elle pouvait parler, elle répondrait aux injustes reproches de ces insensés; *je rends comme l'on me prête et je traite chacun selon ses œuvres.*

C'est là la grande loi de l'univers, rien pour rien, peu pour peu, beaucoup pour beaucoup.

Donnez donc beaucoup de matière organique à votre sol si vous voulez qu'il vous en rende beaucoup, mais donnez-lui ce beaucoup peu à peu avec prudence et discernement, car l'excès est souvent plus nuisible que le défaut même.

La fertilité du champ, je l'ai déjà dit, s'établit et s'entretient comme l'embonpoint du bœuf, non par une grande quantité d'aliments donnés tout à la fois, mais par une nourriture convenable bien appropriée et sagement graduée dans sa quantité et sa qualité, selon la nature du sol, ses forces physiques, son appétit naturel et le travail qu'on lui demande.

Je pourrais m'étendre encore longtemps sur ce sujet si important et si intéressant, car les engrais sont l'âme de l'agriculture; mais je crois m'être expliqué assez clairement pour vous faire parfaitement comprendre toute l'importance de cette maîtresse branche de l'économie rurale, et vous avoir suffisamment indiqué tous les soins qu'elle réclame.

La *pierre philosophale*, que l'on a tant cherchée, est enfin connue; le *grand œuvre* de l'humanité, c'est l'agriculture.

La matière alchimique dont elle fait de l'or, c'est le fumier.

Cette matière est d'autant plus riche, qu'elle est moins décomposée, c'est-à-dire qu'elle a été moins altérée par l'action désorganisatrice des éléments avides de l'or qu'elle contient.

Que diriez-vous d'un chimiste qui laisserait se perdre et s'évaporer dans l'air les fluides les plus précieux de matières dont il peut, par son art, obtenir des produits d'une grande valeur ?

Vous diriez : cet homme est un dissipateur ou bien un insensé.

Je vous le demande, l'agriculteur qui livre sans défense aux atteintes dévorantes de l'air, du soleil et de l'eau les *engrais*, cette précieuse matière première de son art créateur, et qui après les avoir ainsi laissé consumer presque tout entiers par cette *combustion latente*, achève de gaspiller leurs cendres énervées en les distribuant à ses champs à tort et à travers sans calcul et sans discernement, est-il moins prodigue ou moins dépourvu de bon sens ?

XXXIVe Lettre.

AMENDEMENTS, CHAUX, MARNE, PLATRE,
CENDRES, ETC.

A Monsieur ***,

Les agronomes et les chimistes qui se sont occupés de cette importante question ne sont pas plus d'accord entr'eux sur elle que sur toutes les autres. Ils attribuent à des causes bien différentes l'influence utile exercée sur la fertilité du sol par son mélange avec la *chaux*, la *marne* et autres *amendements* calcaires. Conséquent avec nos principes et notre règle de conduite habituelle, je vous dirai donc encore: « Laissons de côté cette obscure controverse, il ne nous importe pas essentiellement dans la pratique de connaître le véritable mode de l'action de la *chaux* sur le sol ; nous savons qu'elle possède cette action , nous savons même dans quelle circonstance ses effets sont plus ou moins utiles, cela nous suffit pour marcher à notre but.

Nous continuerons donc à considérer les *amendements calcaires* sous deux rapports bien distincts, et nous les emploierons :

1° Comme moyen mécanique d'hygiène pour assainir, diviser et par conséquent réchauffer les sols humides, compactes et froids ;

2° Comme agent chimique, c'est-à-dire comme un stimulant, propre à faciliter dabord l'élaboration et la digestion par le sol, et ensuite l'assimilation par les végétaux des substances organiques se décomposant dans le sein de la terre pour s'y transformer de nouveau en matière végétale. L'action de la *chaux* dans ce cas est la même dans le sol, *estomac des plantes*, que celle des *sucs salivaires* et des divers *condiments* introduits dans l'estomac des animaux en même temps que les aliments.

Sa présence occasionne sans doute dans le récipient terrestre des combinaisons élémentaires utiles à l'*assimilation végétale ,* comme celle des sucs salivaires, du sel et des acides divers, en favorisant le développement de l'action digestive, facilite et augmente l'*assimilation animale*.

Mais comme l'*assainissement*, la *division* et le *réchauffement* des sols humides, compactes et froids ne suffisent pas pour les rendre fertiles, ainsi que nous l'avons vu ci-dessus ; comme cette fertilité ne peut leur être donnée que par la présence des matières organiques *tansformables* en végétaux ; il est dès lors évident 1° que l'action mécanique de la *chaux* dans ces sortes de sols, les prépare et les dispose seulement à devenir plus fertiles, mais n'ajoute rien à leur fécondité antérieure au mélange.

2° Que la *chaux* ne peut avoir sur eux un effet définitivement utile que lorsqu'ils contiennent des substances organiques assimilables et susceptibles de modifications sous l'influence stimulante de son action chimique.

En un mot, la *chaux* et tous les *amendements* analogues, bien qu'ils entrent comme élément essentiel dans la composition des plantes, ne peuvent cependant exercer isolément dans le sol aucune puissance nutritive, pas plus que les sucs salivaires et les divers condiments dans l'estomac des animaux.

Pour ajouter à la puissance féconde et créatrice de la terre, *estomac des plantes*, il faut donc nécessairement qu'ils y soient mélangés à des substances élémentaires organiques et simples avec lesquelles ils doivent se combiner pour exercer d'abord sur elles leur action dissolvante et stimulante, puis ensuite et concurremment avec elles leur action féconde sur l'assimilation végétale.

Dès lors on arrive naturellement à cette conséquence inévitable que, dans un sol très pauvre de ces matières assimilables, l'emploi de la *chaux*, de la *marne* et autres *amendements* doit être nuisible, comme le serait l'introduction des *sucs salivaires*, du *sel* et autres *condiments* dans un estomac vide de substances alimentaires.

Vous donnerez donc de la *chaux* ou de la *marne* à vos champs *humides, froids* et *compactes* pour les assainir, les diviser et les réchauffer, mais à moins qu'ils ne soient naturellement doués d'une extrême fertilité, vous ne leur confierez dans ce cas aucune semence avant de les avoir fumés d'autant plus abondamment que vous les aurez plus fortement *chaulés* ou *marnés*.

Je laisse à votre sagacité à déduire de ces principes immuables, toutes leurs conséquences naturelles.

Vous avez d'avance dans ces règles générales la solution de toutes les difficultés particulières que vous pourrez rencontrer dans la pratique.

Ainsi que je vous l'ai déjà dit, il est impossible d'évaluer la proportion nécessaire de chaux dans le mélange du *récipient terrestre*, puisqu'elle doit varier à l'infini avec les proportions pour lesquelles les matières alcalines et terreuses et les substances organiques entrent dans ce même mélange.

En France cette quantité varie de huit à cent hectolitres par hectare, en Angleterre et en Amérique elle s'est élevée jusqu'à 500 hectolitres dans des terres très humides, mais elle est habituellement de 100 à 120 hectolitres.

Des différences aussi énormes viennent victorieusement à l'appui de mon opinion, que sur ce point toute règle, *même locale*, est impossible ou serait fautive. L'expérience basée sur des essais pourra seule vous éclairer complétement sur les véritables besoins de vos terres à cet égard.

Quand, au lieu de *chaux*, il s'agit d'employer de la marne, *carbonate de chaux*, il est bien plus difficile encore d'en fixer la quantité nécessaire, car la marne étant composée de plus d'éléments divers est bien plus variable dans sa puissance et dans sa nature que la chaux proprement dite. Aussi comme pour le fumier et la chaux, et par ces mêmes raisons, je me garderai bien de vous rien préciser à cet égard ainsi que certains agronomes l'ont fait et le font encore tous les jours avec autant de légèreté que d'irréflexion, au risque d'entraîner leurs lecteurs dans des opérations hasardées qui deviennent souvent doublement onéreuses et regrettables pour leurs auteurs, puisque par un marnage ou un chaulage trop abondant, et par conséquent plus coûteux, on peut compromettre pour longtemps la fertilité d'un sol.

Entre la marne et la chaux la question de supériorité n'est pas encore non plus vidée entre les agronomes : les uns préfèrent de beaucoup la marne, et les autres ne comprennent pas que l'on puisse même établir de comparaison entre elles, la chaux étant, à leur avis, en tout point supérieure. Je l'avoue, je serais fort embarrassé s'il fallait me prononcer catégoriquement entre ces deux opinions si opposées; mais dans cette extrême divergence même je trouve son explication naturelle. Sans nul doute la *chaux* convenait mieux dans le terrain des uns et la *marne* dans celui des autres, et je ne voudrais pas assurer que quelques-unes de ces expériences sur lesquelles on a basé ces décisions exclusives et tranchantes, n'ont pas été faites sur la fenêtre, dans un pot à fleurs, comme beaucoup d'autres.

Quoi qu'il en soit et en dépit de toute règle, de toute expérience et de toute décision contraire, il est évident pour nous dont la conviction se base uniquement sur l'étude des *principes généraux* et de leurs conséquences naturelles, il est évident, dis-je, que des essais comparatifs peuvent seuls résoudre pour chaque cultivateur cette question de supériorité pendante entre la *chaux* et la *marne;* et, je n'en doute pas, ces essais donneront des ré-

sultats différents non seulement dans chaque exploitation , mais souvent même encore dans chaque
champ de ces exploitations ; et comment pourrait-
il en être autrement quand , non seulement dans
chaque espèce de *chaux* et de *marne*, mais encore
dans chaque unité de *champ* la nature et la proportion des éléments divers dont ils sont composés
varient à l'infini ; de chaque mélange différent de
ces matières diverses il résulte donc des combinaisons élémentaires plus hétérogènes encore, et dont
par conséquent les effets mécaniques et chimiques
et par suite les produits doivent nécessairement
varier dans la même proportion. Vous n'admettrez
donc comme positive aucune *donnée* ou règle à cet
égard qu'autant qu'il s'agirait d'employer la même
chaux ou *marne* dans des terrains absolument semblables en tous points à ceux où l'utilité de son emploi serait bien constatée. Dans ce cas seul vous
devrez d'abord imiter sagement l'usage local ou
l'exemple de vos voisins, tout en vous réservant de
les modifier dans ce qu'ils pourraient avoir de défectueux. Des essais dirigés par l'étude de nos *principes généraux* vous auront bientôt mis sur la bonne

voie si celle pratiquée dans le pays n'est pas la meilleure.

Ainsi vous ne ferez usage de la *chaux*, de la *marne* ou aux *amendements* analogues, soit comme *moyen mécanique*, soit comme *agent chimique*, qu'après vous être assuré, par des essais faits sur une petite échelle, de l'efficacité relative de ces amendements sur chacun de vos champs ou du moins sur chacune des espèces de sols composant votre exploitation.

Vous serez guidé dans ces expériences par les principes et par les règles ci-dessus posés.

Ainsi, plus vos champs seront humides, compactes et froids, plus vous devrez élever d'abord dans vos essais la quantité de *chaux* ou de *marne* considérée comme *agent mécanique*.

Plus ils seront naturellement fertiles ou fortement fumés, plus aussi vous pourrez leur en donner sans crainte d'altérer leur *constitution physique*.

Vous aurez soin, toutefois, de prendre en considération, dans ces expériences la puissance intrinsèque de la matière employée comme amendement.

Cette puissance s'évalue par la quantité de *sels neutres* contenue dans chaque espèce de *chaux* ou de *marne*, car la *chaux* proprement dite, l'*oxide de calcium*, ne se trouve jamais pur, il est toujours combiné avec un acide quelconque, principalement avec les *acides carboniques, sulfuriques et phosphoriques* dans les matières que l'agriculture emploie comme *amendements*.

A ces composés divers se trouvent toujours aussi mélangées en quantité variable des matières terreuses et principalement de la *silice* et de l'*alumine*. Par conséquent plus la *chaux* ou la *marne* contient de ces matières hétérogènes, moins elle a d'énergie.

La *magnésie*, qui se trouve aussi quelquefois unie au *carbonate de chaux*, exerce sur le sol une influence nuisible qui souvent ne se manifeste qu'après y avoir développé une grande fertilité passagère.

Il vous sera facile, à l'aide de l'acide nitrique, par des expériences connues de tout le monde, d'évaluer la quantité réelle de *carbonate de chaux* contenue dans l'amendement dont vous ferez usage.

Vous reconnaîtrez la présence de la *magnésie* dans

la *chaux* en la faisant dissoudre dans ce même acide étendu d'eau ; s'il s'y forme un mélange laiteux, la *chaux* est *magnésienne*.

Au reste, je vous conseille, pour mieux vous éclairer, de faire analyser ces divers amendements par un chimiste. Ces analyses, faites par des hommes de l'art, sont toujours plus sûres et l'on risque moins de faire des écoles en employant des matières dont on connaît parfaitement la composition chimique.

Si vous employez de la *marne*, vous devrez prendre en considération sa nature *siliceuse* ou *alumineuse*, c'est-à-dire *argileuse*, dans l'application que vous en ferez à vos divers genres de sols.

Ceci m'amène naturellement à vous parler d'un excellent moyen d'amender les sols, moyen cependant fort mis en usage je ne sais trop pourquoi. Ce moyen, c'est le mélange des matières terreuses pour rétablir entre elles, dans le récipient terrestre, l'équilibre favorable à la végétation.

Et quand nous mélangeons de la *chaux* aux sols dépourvus de calcaire, pourquoi ne donnerions-nous pas de la *silice* aux terres argileuses, et de l'*argile* aux terrains siliceux ; nous le pourrions d'autant plus facilement, que partout la nature prévoyante a mis ces diverses matières terreuses à la portée les unes des autres.

Je ne saurais trop vous recommander ces mélanges intelligents des diverses *substances terreuses*. Cette composition mécanique du sol est aussi utile que sa composition chimique. C'est ainsi que vous pourrez, quand toutefois la dépense des transports vous le permettra, amener successivement tous vos champs à ce degré de fertilité foncière, réelle et permanente qui, pour le cultivateur ami de son art et jaloux de s'y distinguer et d'y réussir, devient une source intarissable de satisfactions de toute espèce.

Le carbonate de chaux possède aussi la propriété de neutraliser les acides dont certains sols sont saturés. Son emploi est donc très avantageux après des défrichements de bruyères ou de bois qui ont laissé dans la terre une acidité nuisible à la végétation. J'ai vu des terrains frappés d'une longue stérilité par cette seule cause qu'il était si facile de détruire. Aussi, quand vous défricherez des bruyères ou des taillis, et surtout des taillis de chênes dans un sol non calcaire, ne manquez pas d'y mettre de la chaux. Ces défrichements de bois, ordinairement si fertiles en terrain calcaire, sont souvent longtemps rebelles à toutes cultures, dans ceux ou l'absence de la chaux permet à l'*acide gallique* dont ils sont saturés, d'exercer librement son influence délétère sur la végétation.

Tous ces principes et toutes ces règles sont applicables à l'emploi de tous les autres *amendements*, quel que soit du reste leur rôle dans la grande œuvre de l'organisation végétale. Tous ils agissent comme la chaux : mécaniquement *d'abord* par leur mélange au sol, puis chimiquement en ajoutant à sa richesse organique des principes *alcalins* et minéraux assimilables aux plantes.

Ainsi les cendres végétales leur fournissent particulièrement des *silicates de potasse* et les cendres d'os ou noir animal des *phosphates de chaux*, ces deux éléments les plus essentiels de la végétation et de la fructification selon Liebig.

Les *os pilés* contenant outre des *phosphates de chaux* des substances organiques, agissent donc par conséquent comme *engrais* et comme *amendement.*

Le *plâtre* ou gypse, *sulfate* de *chaux*, se distingue seul de tous les autres amendements calcaires par une puissance féconde qui semble parfois tenir du prodige et qui, jusqu'à présent, est restée un secret impénétrable à la science (Voyez à ce sujet la *Physiologie de la Terre*, pag. 326).

N'est-ce pas en effet une chose miraculeuse que l'effet de cette substance inorganique augmentant dans une proportion immense, relativement à la quantité employée, le développement de l'organisation végétale dans une seule famille de plantes. Quels rapports intimes existe-t-il donc entre l'*acide sulfurique* combiné avec l'*oxide* de *calcium* et l'organisme particulier des plantes dites *légumineuses.* Si l'effet du plâtre sur leur végétation était réellement dû aux causes que l'on s'est efforcé de leur trouver, pourquoi agirait-il ainsi sur elles seules? La faculté qu'on lui attribue d'attirer l'humidité de l'air et de favoriser certaines combinaisons chimiques aurait la même influence favorable sur toutes les autres végétations.

Evidemment, cette action prodigieuse du *plâtre* est toujours et sera longtemps encore, sans doute, un de ces mystères dont la nature se plaît à garder le secret ; mais si sa puissance est mystérieuse, ses effets magiques nous sont acquis et nous devons nous contenter sagement de les faire servir à notre utilité sans nous entêter à vouloir en deviner la cause.

La présence exceptionnelle de l'*acide sulfurique* dans le *plâtre* a fait penser que sa merveilleuse fécondité était due principalement à ce puissant agent chimique, on a donc tenté d'appliquer directement aux légumineuses cet acide étendu d'eau.

J'ai fait une seule fois un petit essai de cette espèce d'*amendement*, mais il n'a pas été assez concluant pour m'autoriser à émettre une opinion. Je vous engage donc à tenter quelques expériences à cet égard ; tout semble militer en faveur du succès. Au reste, je reviendrai sur ce sujet important et particulièrement sur l'emploi du *plâtre*, quand nous nous occuperons des prairies artificielles de plantes légumineuses. Il est impossible de les séparer dans la pensée et dans la pratique,

car pour les *légumineuses* le *plâtre* c'est *la manne
qui tombe dans le désert.*

Les eaux provenant des *gazomètres* sont aussi ,
selon quelques auteurs , un excellent *amendement*
ou *engrais;* cette vertu tient aux substances alcalines et grasses qu'elles tiennent en dissolution.

Les cendres de *tourbe*, de *lignite* et de *houille*
sont employées dans bien des lieux avec succès
comme *amendement* pulvérulent, c'est-à-dire qu'on
les sème à la main comme le *plâtre.* Produit de la
combustion de substances organiques et terreuses,
elles doivent en effet contenir des principes minéraux et salins extrêmement favorables à la végétation. Quelques auteurs ont aussi conseillé l'emploi
de l'*argile calcinée* comme un excellent amendement; Liebig, qui appuie cette opinion favorable ,
attribue les bons effets de cette substance, ainsi mo-
difiée, à l'action du feu qui, *en accélérant la désagrégation des silicates alcalins d'alumine, met l'argile, même la plus infertile, en état de fournir aux
plantes la quantité de substances minérales nécessaires à leur nutrition.*

En règle générale et absolue, tous les *amende-*

ments qui fournissent aux plantes des principes alcalins et minéraux, éléments essentiels de leur composition, devraient être considérés comme *engrais*;
mais il m'a paru plus utile et plus rationnel de conserver la distinction établie entre eux par l'usage,
d'autant plus que cette distinction est suffisamment
justifiée par une ligne de démarcation, bien tran-
chée dans la nature et dans le mode d'action de ces
deux grands agents de l'assimilation végétale; et
surtout par cette différence capitale que l'*engrais*,
le fumier proprement dit, contient tous éléments
essentiels des corps organiques végétaux ou animaux dont il est formé, c'est-à-dire en outre des
matières organiques solubles végétales et animales,
dont les *amendements* sont entièrement dépourvus,
tous les principes *alcalins* et *minéraux* que l'on
trouve dans ces derniers, de la *chaux*, des *silicates*, des *phosphates*, etc. Voilà pourquoi, comme
nous l'avons dit, le *fumier* seul a le pouvoir de fer-
tiliser le sol sans le concours des *amendements*,
tandis que les *amendements* sont toujours inféconds
sans le concours du fumier ou des substances analogues contenues dans le sol. En un mot l'*engrais*,

le fumier composé de substances organiques en voie de décomposition possédant tous les éléments sans exception de la régénération organique, peut à lui seul créer la matière végétale ; les *amendements* au contraire ne contenant qu'une partie de ces éléments, peuvent seulement aider à la créer.

Ainsi résumant en peu de mots cette longue lettre, la *chaux* est un des éléments indispensables de la fertilité du sol ; toute terre qui ne contient pas de *carbonate de chaux* est donc une terre arable imparfaite et par conséquent privée d'une grande partie de sa puissance féconde.

Les principes *minéraux et alcalins*, c'est-à-dire les *silicates*, la *potasse*, la *soude*, les *phosphates de soude*, les *phosphates de chaux*, etc., sont aussi des éléments essentiels de la fertilité terrestre, puisque la plupart des végétaux et surtout les céréales ne sauraient prospérer dans un sol qui en serait absolument dépourvu.

La *chaux*, la *marne* et tous les *amendements* calcaires, alcalins et salins, sont donc des matières extrêmement précieuses pour l'agriculture puisqu'elles lui fournissent les moyens de donner ou de rendre à ses champs la fertilité qui leur manque naturellement ou dont ils ont été épuisés par un trop long travail sans réparation suffisante.

L'emploi intelligent de ces *amendements* divers soit comme agents mécaniques ou chimiques, soit comme auxiliaires des *engrais* dont ils augmentent la vertu alcaline et saline est donc une des parties les plus importantes de la théorie et de la pratique agricole, et j'espère vous avoir suffisamment éclairé sur les moyens d'en tirer le meilleur parti possible dans l'état actuel des connaissances humaines.

Au reste nous reviendrons sur l'emploi particulier de chacun de ces amendements à mesure que la culture de diverses plantes dont nous avons à nous occuper réclamera plus spécialement leur application.

XXXVe Lettre.

PRÉPARATION DU SOL, LABOURS, HERSAGES, ETC.

*A Monsieur ****,*

L'assainissement, l'engraissement et l'amendement du sol arable suffisent pour le rendre fertile, mais sa fécondité ne peut se développer sans le labourage qui le nettoie, le rend perméable aux racines des plantes et mélange aux matières terreuses les substances organiques ou inorganiques assimilables à l'organisation végétale.

Les labours sont donc une condition indispensable de la fertilité terrestre, mais comme tous les autres moyens de cette fertilité, pour bien remplir ce but, ils doivent être appliqués avec intelligence, en temps opportun et dans la mesure convenable à chaque espèce de sol.

Nous trouverons encore dans les *principes généraux* un guide fidèle et sûr pour nous diriger dans cette application intelligente, rationnelle et par conséquent fructueuse de ce moyen purement mécanique.

Je me garderai bien encore, et toujours, par la même raison, d'imiter l'exemple des auteurs géoponiques qui posent des règles fixes au sujet du labourage de telle ou telle sorte de sol.

« *Le labourage, comme toutes les autres opérations agricoles, échappe à toute règle fixe, à tout système déterminé.*

On peut dire, *autant de pays*, ou plutôt, et même mieux, *autant de champs,* autant de manière de labourer. *Telle terre veut être labourée humide, telle autre sèche ; à tel sol* les labours d'hiver conviennent parfaitement, à tel autre à peu près semblable ils sont très nuisibles. Cela tient à d'imperceptibles différences dans leur composition, etc. »

(*Physiologie de la terre*, page 266, *et suivantes.*)

Vous aurez donc seulement en vue dans l'application des labours à vos différents champs, le résultat que vous désirez en obtenir et vous agirez en conséquence.

Si vous voulez diviser le sol, le rendre plus perméable à l'eau, à l'air et aux racines, vous lui donnerez d'autant plus de labours que la cohésion de ses molécules sera plus forte et plus tenace ; ces labours devront être plus ou moins profonds suivant que sa couche arable sera plus ou moins puissante et selon l'espèce, la durée et la forme des racines des plantes que vous avez l'intention de lui confier.

Vous le labourerez humide ou sec, suivant sa nature, et surtout suivant l'effet que vous avez en vue.

Les labours, en temps humide, augmentent la ténacité des terres *argileuses non calcaires ;* en temps sec, ils les brisent par mottes, ils les *forcent,* comme on dit ; dès lors, pour les rendre le plus meubles possible, il faut les labourer lorsqu'elles ne sont ni trop sèches, ni trop humides.

Les labours trop mouillés ou trop secs ont les mêmes effets sur les *terres argileuses calcaires,* mais comme elles *fusent* et se délitent aux premières pluies, les inconvénients de ces labours sont bien moins grands. Sur les terres *siliceuses*, au contraire, et même sur les sols *argilo-calcaires* légers ou mêlés de petites pierres, les meilleurs labours sont ceux faits par un temps humide parce que cette humidité s'oppose à la trop grande division de leurs molécules, division dont l'excès est peut-être encore plus nuisible que le défaut, surtout dans ces sortes de sols.

Je pourrais m'étendre beaucoup encore sur ce sujet, mais cela me paraît inutile, l'expérience seule devant prononcer en dernier ressort dans chacune de ces graves questions ; les principes généraux peuvent seulement en préparer et hâter la solution pour le cultivateur débutant qui sait les prendre pour guide de ses premiers pas dans la carrière agricole.

Considérés sous le rapport du mélange des *engrais* et des *amendements* aux *matières terreuses*, les labours peuvent être assimilés, en suivant toujours notre comparaison, à l'acte de la mastication qui prépare les aliments à celui de la digestion. En effet, en divisant et mélangeant ces engrais et ces amendements, ils les disposent à une plus prompte et plus parfaite décomposition dans le sol, et par conséquent à une plus facile assimilation par les végétaux. De même la dent des animaux, en broyant leurs aliments et en les mélangeant aux sucs salivaires, les dispose à une plus prompte et plus parfaite assimilation par l'organisme animal.

Plus l'acte de la mastication est parfait, mieux la digestion s'opère et plus elle est profitable à l'animal, parce que les molécules alimentaires plus divisées opposent moins de résistance à l'action dissolvante et absorbante de l'estomac, de même plus le mélange des engrais dans le sein de la terre est intime, et plus leur division est complète, plus aussi l'action du sol et des amendements est énergique sur leurs molécules fécondes avec lesquelles tous ces éléments terreux, alcalins et salins se trouvent alors en contact sur un bien plus grand nombre de points.

Vous apporterez donc la plus minutieuse attention à ce mélange de l'engrais dans le sol par les labours, afin de les placer toujours dans les conditions les plus favorables à l'effet que vous désirez obtenir. Vous prendrez en considération dans cet examen et dans cette opération la nature du sol, celle de l'engrais et l'espèce de plante qu'il doit nourrir, car de même que le talent du nourrisseur et de l'engraisseur de bestiaux est de savoir leur donner, de la manière la plus rationnelle, la quantité et la qualité d'aliments la plus convenable à leur nature, et par conséquent la plus propre à obtenir le résultat attendu, de même l'habileté du cultivateur consiste surtout dans l'application, qu'il sait faire au sol, d'engrais en quantité suffisante et surtout en qualité convenable pour que la plus grande partie possible de ces substances fécondes serve réellement à l'effet utile qu'il en attend.

Le nombre, l'époque et la profondeur des labours, appliqués au mélange du fumier et des amendements dans le sol, auront la plus puissante influence sur ce résultat utile, puisque, ainsi que je viens de le dire, ces substances fécondes seront d'autant plus complétement et fructueusement absorbées par les végétaux, que par ces diverses opérations faites avec intelligence, elles auront été mises plus en contact avec les agents terreux et mieux placées à la portée des racines de la plante qu'elles doivent nourrir.

Dans cette application des labours à la division des engrais, vous devrez encore prendre en considération, non seulement la nature plus ou moins résistante de l'engrais, mais encore la durée plus ou moins longue qu'il doit avoir dans le sol pour le mieux de vos intérêts ; vous le diviserez par conséquent plus ou moins, suivant la longueur du rôle utile qu'il est appelé à y jouer ; moins s'il doit servir à la nourriture de plantes vivaces, sobres et améliorantes ; plus, s'il est destiné à celle d'une récolte annuelle, avide et épuisante.

Tous les principes et toutes les règles ci-dessus sont également applicables aux hersages et à toutes les manipulations du sol destinées à l'ameublir et à y mélanger les engrais et les amendements.

Je vous indiquerai le moment d'appliquer le plus utilement l'emploi de ces divers instruments, à mesure que l'occasion s'en présentera dans la pratique.

De cette assertion incontestable, que les labours, en divisant les substances fécondes et en les mélangeant plus intimement à la terre, rend *leurs molécules* plus facilement attaquables par les agents mécaniques et chimiques contenus dans le sol, il découle nécessairement cette conséquence importante qu'ils facilitent de même sur ces molécules fécondes l'action dévorante des éléments qui en sont avides. Dès lors, la fréquence des labours a ces deux résultats analogues, mais entièrement différents pour l'agriculture ; elle favorise l'absorption utile des éléments féconds par le sol, c'est-à-dire par les plantes et l'absorption nuisible de ces mêmes éléments par l'air qui se les incorpore, et par l'eau qui les entraîne au loin.

Favoriser cette consommation utile des éléments féconds du sol en neutralisant le plus possible leur consommation nuisible, c'est un des secrets les plus difficiles de l'agriculture.

J'espère pouvoir vous applanir la route vers ce but à mesure que nous en approcherons; mais en attendant je vous ferai remarquer que le corollaire le plus immédiat de cette proposition suffisamment démontrée, c'est celui-ci.

La trop grande division du sol étant nuisible à la

végétation, les labours le deviennent eux-mêmes quand cette division est suffisante. En effet, le labourage est une opération purement mécanique, inféconde par elle-même; il n'a d'effet utile sur la fertilité de la terre qu'en favorisant dans son sein le développement d'une opération organique féconde, développement dont l'excès peut devenir contraire au résultat que nous en attendons; évidemment cette opération mécanique cessera d'être utile dès que ce développement sera arrivé pour nous à ses limites fécondes, et elle deviendra de plus en plus nuisible à mesure que sous son influence prolongée ce développement s'éloignera davantage de ces limites.

En un mot, le labourage est au sol ce que l'exercice est à l'homme; modéré, il entretient sa santé, excessif, il le fatigue et l'énerve.

Par conséquent plus un sol est faible et maigre, moins les labours lui sont utiles; et plus il est fort et gras, moins l'abus lui en est dangereux.

Et c'est ici le moment de faire encore justice une dernière fois pour toutes de cette opinion trop répandue qui attribue aux labours une puissance fé-

coudante sur le sol en *exposant tour à tour ses diverses parties à l'influence des éléments*. Nous venons de voir quelle est réellement cette influence,
et malgré l'autorité de l'opinion de beaucoup d'a-
gronomes, et notamment de Thaër, qui attribue
aux labours la faculté *de favoriser l'absorption par
le sol des substances aériformes* favorables à la végétation, je persisterai dans celle que j'ai émise à
cet égard dans la *Physiologie de la Terre* (page 365).

*Le seul but du labourage, c'est de nettoyer et
d'ameublir suffisamment le sol, et puis d'y enfouir
les engrais; ce but atteint, le rôle utile des labours
cesse*, et comme nous venons de le voir, son effet
nuisible commence.

Il suffit en effet d'interroger un instant les principes immuables qui président à l'œuvre de l'organisation végétale pour comprendre que l'opération,
purement mécanique du labourage, ne peut rien
ajouter à la richesse chimique du sol, elle peut seulement, appliquée dans une juste mesure, aider au
développement de son action féconde en facilitant,
par la division des diverses molécules organiques
ou inorganiques qu'il contient, leur assimilation

par les végétaux ; au-delà de cette juste mesure leur rôle change, et comme on le voit dans bien d'autres circonstances l'excès d'une chose bonne en elle-même devient funeste.

En effet, l'atmosphère et la terre fertile, ces deux grands réservoirs des éléments simples de la vie organique, ne possèdent par eux-mêmes aucun initiative de la puissance créatrice de cette vie; pour que cette puissance se manifeste et agisse, il faut absolument la présence du *germe végétal* qui, comme un *ferment*, vient mettre en mouvement utile toutes les substances fécondes contenues dans ces réservoirs.

Par conséquent, entre l'air et la terre il ne peut exister d'échange et de rapports féconds que par l'intermédiaire de la *végétation*, ce premier et mystérieux anneau de la chaîne puissante qui lie entre eux tous les éléments de la vie pour l'accomplissement de la grande œuvre de l'organisme.

Quand cette chaîne vient à se rompre momentanément sur un point de la terre, c'est-à-dire quand le sol y est dépourvu de végétation, à cette harmonie féconde des principes de la vie succède aussitôt, sur

ce point, une guerre acharnée entre ces mêmes éléments. C'est l'*air* qui, bien loin de prêter alors à
la terre des *substances aériformes* fertiles, cherche
au contraire avec l'aide du *feu* et de l'*eau*, c'est-à-
dire de la chaleur et de l'humidité, à lui reprendre
toutes les richesses organiques qu'elle lui avait
empruntées par la féconde médiation du règne végétal.

Or, quel est l'effet des labours? de priver la
terre de son seul moyen de défense en détruisant
la végétation et de livrer ainsi son sein ouvert et nu
à l'action ennemie de l'*air,* de l'*eau* et du *soleil* ou
du *feu.* Par conséquent les labours, quand ils dé-
passent la proportion justement nécessaire pour
les rendre utiles, deviennent eux-mêmes un des
plus puissants auxiliaires de ces éléments destructeurs dans cette guerre inégale qu'ils font à la fertilité de la terre.

Si l'indication de cette *juste proportion* n'est pas
entièrement du domaine de l'enseignement oral, si
le tact par lequel on apprend à la connaître et à
l'appliquer sûrement, ne peut réellement s'acquérir
qu'en interrogeant sans cesse *dans les champs* ces

principes naturels et en y observant rigoureusement ces règles immuables dont j'ai constamment
cherché à vous démontrer l'infaillible toute–puissance sur les résultats de la pratique de notre art,
cependant j'espère bien pouvoir, à mesure que l'occasion s'en présentera pour nous, vous faciliter
beaucoup cette intelligente application des effets
utiles des labours au sol, en vous apprenant à distinguer sûrement les divers symptômes de son épuisement actuel ou prochain.

Cette *diagnostique* de l'*hygiène de la terre* est une
partie la plus difficile et la plus obscure de la pratique agricole. Elle sera encore, comme elle l'a déjà
toujours été pour moi l'objet de la plus sérieuse
attention et des plus grands efforts, pour vous aider à en surmonter toutes les difficultés en jetant
sur vos pas le plus de lumières qu'il me sera possible.

Nous allons maintenant appliquer à votre exploitation en général, et ensuite à chaque culture séparément, ce grand et complet système de division,
d'assainissement, de nettoiement, d'engraissement,
d'amendement, d'ameublissement et de mélange

du sol dont je viens dérouler successivement devant vous tous les anneaux féconds. Cette seconde moitié, non moins essentielle que la première, de ce vaste enchaînement de la théorie et de la pratique de l'*hygiène de la terre* complètera cette œuvre dont j'ai osé accepter le fardeau, si pesant pour ma faiblesse, dans le désir de vous être utile ainsi qu'à tous les jeunes cultivateurs qui voudront, guidés par les leçons de ma longue expérience basée sur l'étude des grands principes de l'art, marcher d'un pas sûr au but dans cette nouvelle carrière scientifique qui s'ouvre devant eux, la *médecine terrestre*, c'est-à-dire l'art de soigner la santé de la terre (1).

(1) Médecine de la terre (J'ai soin).

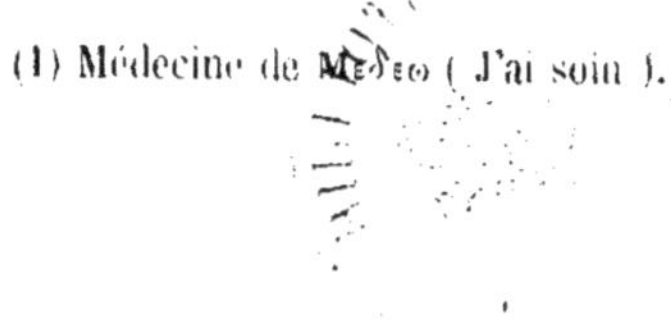

FIN DE LA PREMIÈRE PARTIE.

TABLE DES MATIÈRES

CONTENUES DANS LA PREMIÈRE PARTIE.

		Pages
1re Lettre. — Illusions et vérités sur la vie agricole. . . .		1
2e » — Erreurs de l'agronomie, dangers de l'agromanie.		6
3e » — Ordre, économie, surveillance, comptabilité.		15
4e » — Domestiques.		21
5e » — Bâtiments ruraux, établissement.		26
6e » — Examen et connaissance du sol.		36
7e » — Instruments aratoires.		44
8e » — Animaux de labours.		58
9e » — Éducation des bestiaux.		71
10e » — De l'éducation des chevaux..		78
11e » — Éducation des bêtes bovines.		95
12e » — Engraissement des bœufs.		112
13e » — Laiterie et laitage..		141
14e » — Maladie des bêtes bovines.		162

15e Lettre — Éducation des bêtes ovines 172

16e   »   — Engraissement des moutons. 187

17e   »   — Maladies des bêtes ovines.. 195

18e   »   — Éducation des porcs. 212

19e   »   — Considérations générales sur les animaux domestiques des exploitations rurales. 219

20e   »   — Éducation des abeilles. 233

21e   »   — Basse-cour.. 242

22e   »   — Le jardin.. 247

23e   »   — Éducation des vers à soie.. 254

24e   »   — Bois.. 259

25e   »   — Capital d'exploitation.. 267

26e   »   — Plan de culture. 272

27e   »   — Entrée en exploitation.. 277

28e   »   — Division du sol d'exploitation.. 285

29e   »   — Successions de cultures. 290

30e   »   — Nettoiement et propreté du sol.. 303

31e   »   — Assainissement du sol. 313

32e   »   — Restauration et engraissement du sol. . . . 319

33e   »   — Engrais. 337

34e   »   — Amendements, chaux , marne, plâtre, cendres, etc.. 365

35e   »   — Préparation du sol, labours, hersages, etc. . 384